77

生物多様性の謎に迫る

「種分化」から探る新しい種の誕生のしくみ

寺井洋平 著

DOJIN SENSHO

はじめに

大学の学部生のときに「生物の進化はどのように起こってきたのだろう？」と、漠然と考えていました。それを知るために書店や図書館などに行きましたが、目にするのは「トンデモ科学」といわれるような胡散《うさん》臭いものばかり。あとで調べると、このときにもとてもよい進化についての本が出版されていましたが、残念ながら手の届くところにはありませんでした。探してもわからないのなら、自分で研究してみよう。これが大学院に進み研究を始めるモチベーションとなりました。

子供のころから生き物を飼育するのが好きで、中高校生のときには日本の淡水魚や熱帯魚などを飼育していました。そのため生き物に関するテレビ番組、とりわけ魚に関する番組はよく見ていて、アフリカに大きな湖がありシクリッド（カワスズメ科魚類の総称）と呼ばれる魚の種《しゅ》がたくさん生息していることに興味を持っていました。大学進学後もその興味が衰えることはなく、大学院では生物の研究をしようと考えていました。研究室をいくつか見学するうちに、シクリッドの進化の研究ができる研究室が見つかり、そこへ進学することにしました。実際にはその研究室ではまだシクリッドの研究は行っていなかったため、共同研究者からサンプルのシクリッドをもらい、自分で研究プランを立てるところからのスタートでした。

「シクリッドはどうやって進化してきたのだろう?」。研究のスタート当初は、そんなことを漠然と考える日々でした。そのころに全盛だった分子系統解析しかできることがなかったからです。分子系統解析とは、ごく簡単に説明するとDNAの配列(DNAの並び方:55ページ参照)データを用いて、たくさんの種が進化してきた道筋を明らかにすることです。種が分かれてきた道筋を調べることはできても、種がどうやって分かれるか(この本のテーマでもある「種分化」)を調べることはできません。私が調べたかった種分化を研究する方法は、このころにはまだ確立されてなかったのです。

その日は、調べていたアフリカ・ヴィクトリア湖に生息するシクリッドのネガティブデータが出ていました。ネガティブデータとは、研究で予想していた結果に反するデータのことで、私が手にしたデータからは、シクリッドの種間の関係が近い、つまり種分化を起こして日が浅いために、分子系統解析を行うことは不可能と思われました。ネガティブデータが出たのですから、ふつうならヴィクトリア湖のシクリッドの研究をこれ以上続けても結果を出すことができないと落ち込むところだと思います。しかし私はその結果の不思議さにわくわくして、考えをめぐらせていました。そしてその日の帰り道、JR横浜線の中でふと思いついたのです。「この結果をうまく利用すれば種分化に関与した遺伝子を明らかにできる、種分化がどうやって起きてきたかを研究できるのではないか」と。その閃《ひらめ》きがきっかけとなって、本書で紹介する種分化の機構の研究へとつながりました。

本書は「高校生か大学生だったときの、進化に興味を持っていた自分」を具体的な読者としてイメージしながら書き進めました。基礎的なところからできるだけ丁寧な記述を心がけ、最先端の研究についても多く盛り込むようにしています。その理由は、本書が種分化と生物多様性の基礎を学ぶために役立つのはもちろんのこと、「最新の研究について知りたい」「これから大学院に進んで研究したい」「生き物が好き」など多くの方の興味を満たしたいと考えたからです。

また第1章から第5章の最後には、「野外調査ファイル」と題するコラムを挟んでいます。それぞれのコラムでは別の生き物と調査地でのできごとを紹介しますが、共通のテーマがあります。それは「普段研究とは無縁の方々に、研究の現場でどのようなことが行われているかを伝え、研究にもっと興味を持ってもらいたい」というものです。さらにそれぞれのコラムでも個別のテーマを設けています。

本書を通じて、一人でも多くの読者が生物の研究に興味をもっていただけると幸いに思います。

生物多様性の謎に迫る　目次

序章

種とは何だろう？

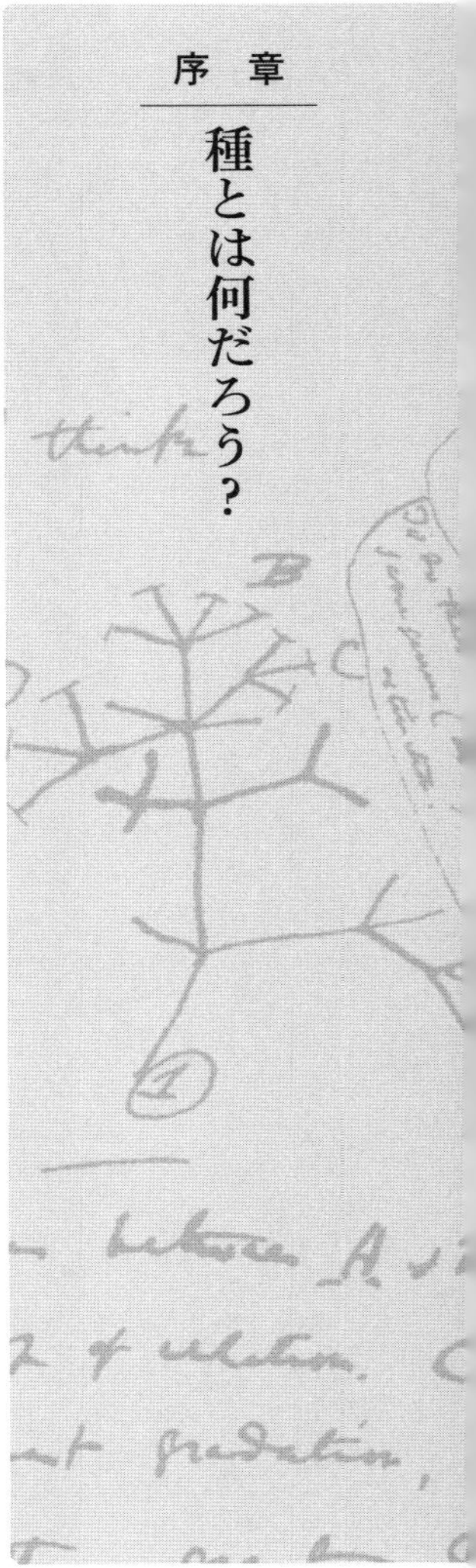

「地球上には二〇〇万から三〇〇万の生物の種が生息しています」

「私はこの花が好きで、色の違ういろいろな種を集めているのだよ」

「ブロッコリーとカリフラワーって同じ種なの？」

「犬を飼い始めたの？　どんな種？」

「人類は一つの種だ」


日常会話やテレビ番組の中でよく〝種《しゅ》〟という言葉を聞きますが、種とは何なのでしょうか。

「ヒトとチンパンジーは同じ種？」と問えば、多くの人は「別種でしょ」と答えると思います。

しかし、「キハダマグロとクロマグロは同じ種？」と問われると、人によっては「同じマグロだから、同じ種」と答えるでしょうし、「味も値段も違うから別種」「キハダは黄色くて、クロマ

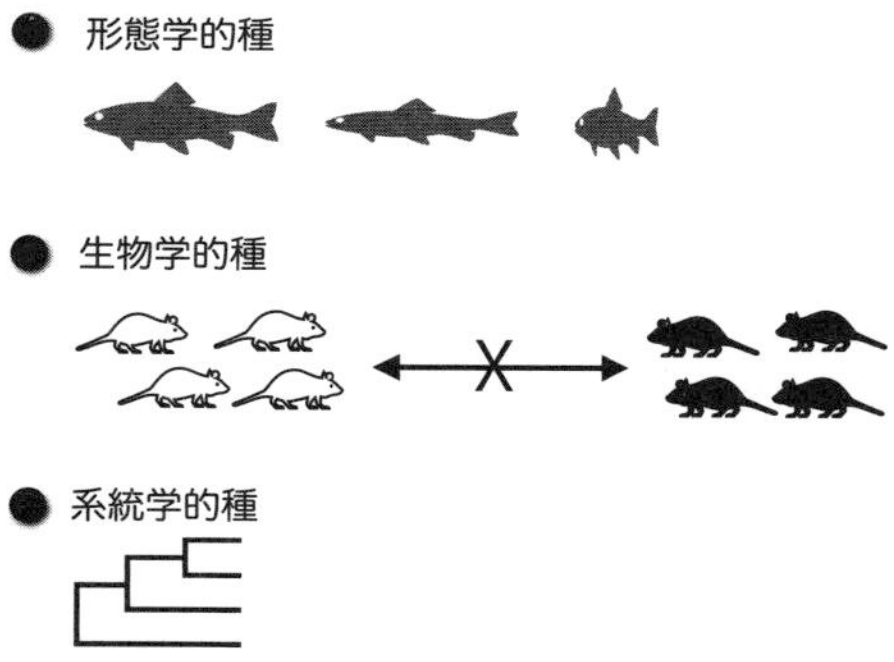

図①　三つの種の概念

グロは黒いから別種じゃないの?」とか、さまざまな答えが出てきそうです。そこでまずは、この本で重要な〝種とは何か〟を考えることからスタートしましょう。

一　三つの種の考え方

種については大きく分けて三つの概念、つまり種についての考え方があります。図①にまとめたようにそれぞれの概念は、「形態学的種」「生物学的種」「系統学的種」です。漢字で書くと何やら難しそうに感じますので、それぞれの考え方をわかりやすく紹介します。

形態学的種

この概念は文字どおり〝形態〟で分ける考え方です。私たちが無意識に種を区別するときは、この考え方が働いています。たとえば、ヒトとチンパンジーが別の種だという場合、ヒトとチンパンジーそれぞれの手足の長さ、頭骨の形、体毛、鼻や口の形、体色などを比べて種が違うと判断していると思います。このときの基準は〝見た目〟です。見た目のなかでも〝あるかないか〟で見分けられる場合は簡単です。「頭にトサカがある」「足に羽毛がない」「足の指が四本」などは、ある特定の形態があるかないかを見ればよく、簡単に区別できます。

しかし、ひと目見ただけでは違いがわからないような場合、もう少し正確な基準が必要となります。正確な基準といえば数値です。一つの種を観察した場合に、すべての個体がまったく同じ数値になることはありません。たとえば、ヒトの身長を見ても一四〇〜一九〇センチメートルくらいのあいだに収まっていると思います。言い換えると、一つの種はある範囲に収まる数値の幅を持つということになります。ある種と別の種を比べ、片方の種の個体の体長は二〇〜四〇センチメートルのあいだに収まり、別の種では六〇〜八〇センチメートルのあいだに収まる場合は、どちらの種の数値の幅も重なっていないので、これら二種を体長で見分けることができます（図②）。

体長に加えて、足の長さ、首の長さ、ヒレの長さ、ヒレにあるトゲの数など、種を区別するためにさまざまな数値を用いることもできます。たとえば、体長に対して頭の長さをグラフにプロットすると、さらに顕著に分けられます。これらの数値に、生息場所や食性などの生態情報や、他の似ている種との区別の方法などを合わせて、分類学者は「種の記載」を行います。

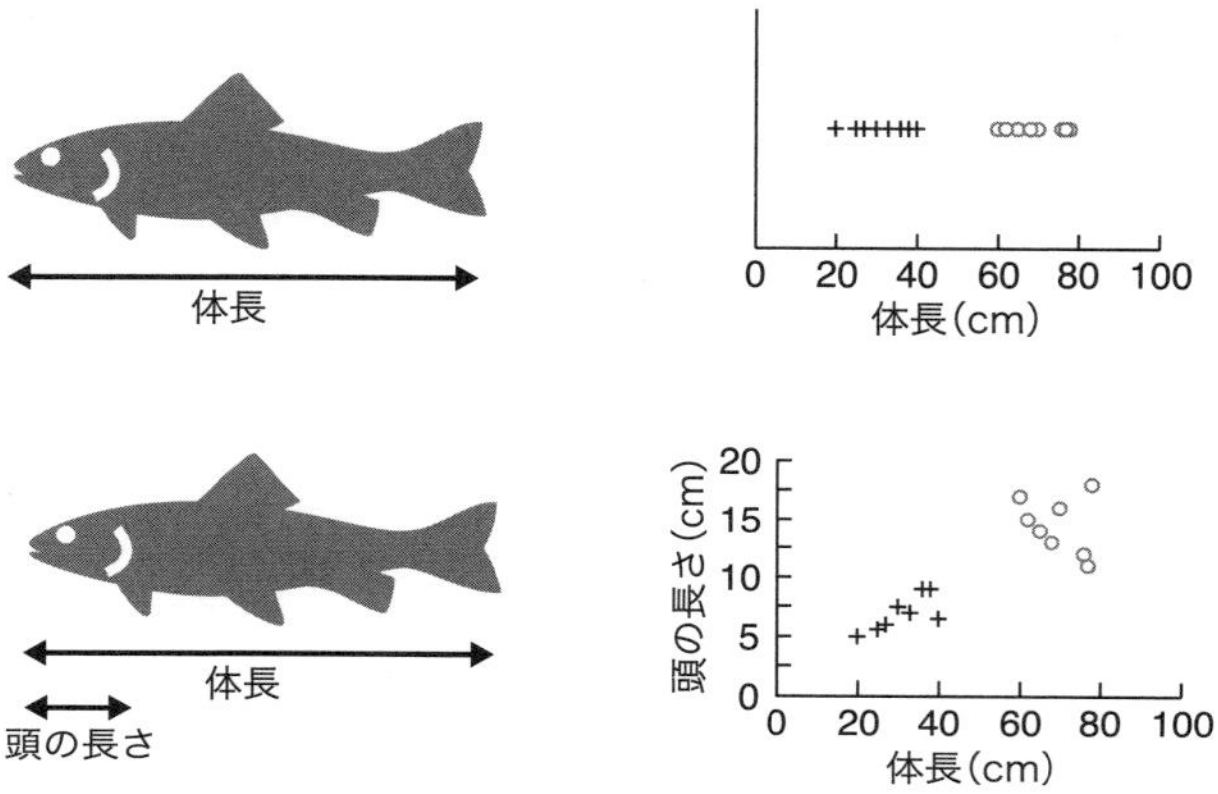

図②　形態学的種

そしてその際に、記載した種の一個体を標本として保管し、これを「タイプ標本」と呼び、その種の代表とするわけです。

種の記載は学術雑誌に掲載され、多くの研究者が見られるようになります。これは、ある生き物を見つけた場合、記載された種に当てはまるかどうかを調べ、種を同定することができることを意味します。しばしば「新種発見！」というニュースを目にしますが、そのようなニュースの陰では丹念に種の記載が行われていたのです。ここまでをまとめると、ある種のたくさんの個体（一匹一匹のこと）の形態をくわしく調べ、ある形態の有無や長さなどの数値から、他の種と区別できる集団（たくさんの個体の寄せ集め）が〝種〟ということになります。これが形態学的な種の概念です。

分類の話がでましたので、ここで少し生物の分類方法の話をしておきましょう。それぞれの生物の種には正式な名前がつけられており、その種は似た種を集めた「属」という分類に属しています。属は似た属を集めた「科」という分類に属し、科は似た科を集めた「目《もく》」という分類群に属します。これだけではわかりづらいと思いますので、例を挙げます。ヒトは学名が *Homo sapiens* ですが、これは *Homo* 属の *sapiens* という種だということを表しています。*Homo* 属はヒト科に属しており、ヒト科は霊長目に属しています。霊長目には他にもサルと総称される多くの仲間が属しており、のちに登場するマカク属の種は、霊長目オナガザル科マカク属に属するということになります。このようにすべての種は、体系として分類されているのです。

形態学的な種の概念には長所と短所があります。長所として、形態学的に種を見る場合、形態を測定するため必ずしも個体が生きている必要はありません。つまり正確に形態を測定できるのであれば、標本になってしまっている個体でも問題なく種の区別に用いることができます。また、現存の種の標本よりももっと古い標本であったとしても種の記載が可能です。多くの場合、化石は骨格や外骨格が石化したものですが、石化した骨を測定して種の記載ができるのはこのためです。ティラノサウルス・レックスは子供のころからよく耳にする有名な恐竜ですが、これも化石からしっかりと種の記載がされています。つまり形態から種を見ると、過去に地球上に生息していた生物も〝種〟として扱うことができます。もし、この概念がなければ、「大きい化石になった生物」とか「小さくて丸い化石になった生物」とか呼ぶことになり、きっと不便だったでしょう。

いっぽうで短所もあります。形態を見て区別すると述べましたが、この場合は「ヒトの目で見る」ことになります。そのため、形態で分類をしようとする人が気づかないような違いが見落とされる可能性があるのです。また種の違いがヒトには知覚できないような違いであった場合も、見落としの要因となります。たとえばヒトは紫外線を見ることができませんが、多くの昆虫や鳥類は紫外線が見え、色として区別することができます。もし、二つの種が互いを紫外線の反射、つまり紫外線色で見分けていて全然違う色に見えていたとしても、ヒトには同じに見えてしまいます。この場合、本当は二つの種にも関わらず一つの種となってしまいます。このように形態学的な種の概念は分類する人に依存してしまい、種を見落としてしまう可能性を含んでいるのです。

生物学的種

次に生物学的種の概念はどうでしょうか。

専門的には、この概念で種とは「任意交配を行う集団で他の集団から独立に進化」と説明されます。しかしこれでは難しすぎてよくわからないので、もっとかみ砕いて説明してみましょ

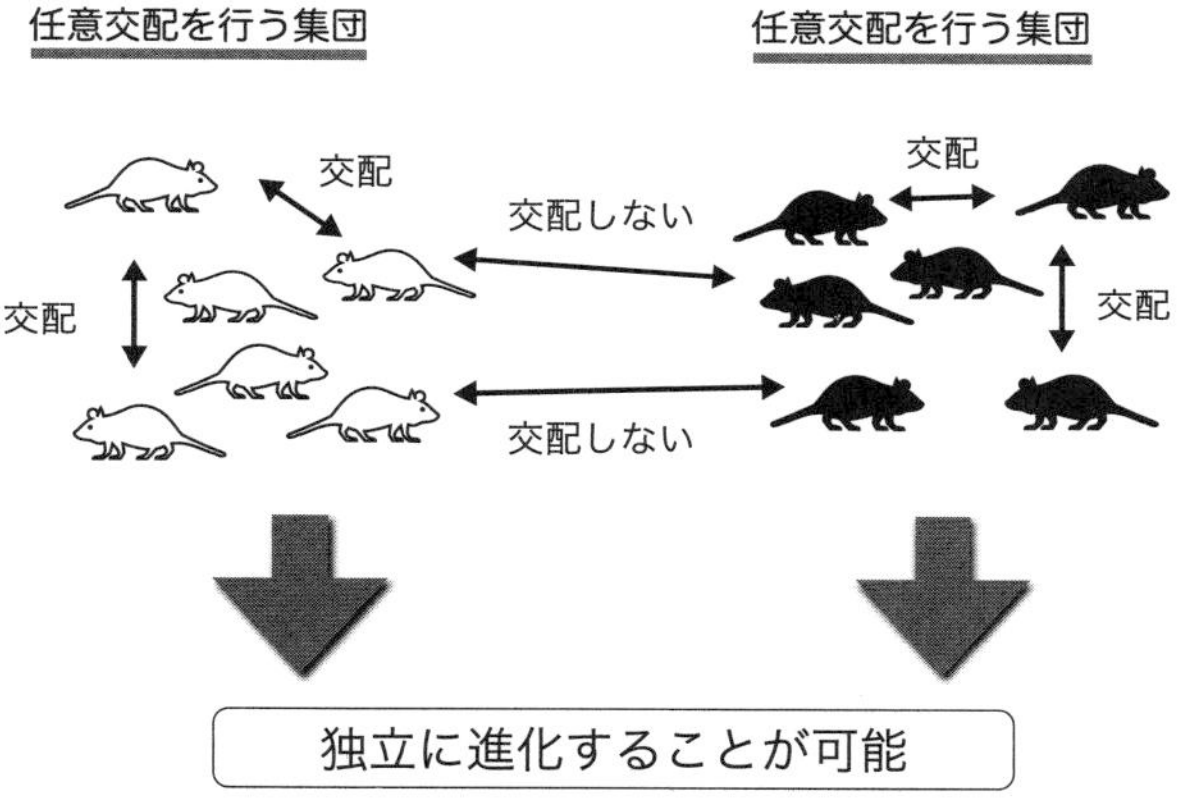

図③　**生物学的種**　任意交配を行う集団で他の集団から独立に進化。

う。

まず、〝集団〟という単語が出てきていますが、これはたくさんの個体が集まった〝群れ〟だと考えてください。次に〝任意交配〟とは、選り好みせずに群れのなかのどの個体とも交配する可能性があることを意味します。つまり、「任意交配を行う集団」とは、群れのなかのどの個体とも分け隔てなく交配しますよ、という意味です。

それでは、「他の集団から独立に進化」とは、どういう意味でしょうか？　この場合の〝他の集団〟は、他の「任意交配を行う集団」のことです。〝独立に進化〟とは、つねに〝他の集団〟からは独立していて、交配することはない、という意味です。図③の白で示した個体は、他の白い個体とは自由に交配しますが黒い個体とは交配しません。逆に黒い個体は他の黒い個体と自由に交配しますが、白い個体とは交配しません。この交配しないということが、〝独立に進化〟することを意味します。つまり生物学的な種とは、群れのなかでは個体が自由に交配しますが、他の群れの個体とは交配しない集団のことです。重要なのは「交配するか、しないか」です。

たまに「チワワと大型犬は、大きさが違いすぎて交配できないから、もう別種のレベルだね」という会話を耳にすることがあります。本当でしょうか。そこで、牧場のような広いところに大型犬から小型犬までのいろいろな犬種を放し飼いにした場合を考えてみましょう。たしかにチワワと大型犬は直接交配しないかもしれませんが、他の中型犬はどちらとも交配できるので、世代を重ねるごとに中間の大きさの犬種を介した遺伝的な交流（チワワと大型犬のゲノムDNAが混ざる）が頻繁になり、最後にはすべて中間形質の犬種になると予想されます。つまり、超小型犬と大型犬であっても中型犬を介して交配は進むと考えられます。

よくある間違いは「交配できるか、できないか」を生物学的種の概念にしてしまうことです。たとえば、ある草原に二つの交配しない群れがいたとしましょう。この場合、交配しないので互いの群れは別種ということになります。しかし、人工授精をさせてみたら卵が発生して成熟した個体となり、次の世代の子供が生まれたとしたらどうでしょう。この場合は「（本当は）交配しないけど、（人工授精でなら）交配できる」ということになります。しかし、自然状態では二つの種が交配して雑種を形成しないので、二つの種が独立に進化することに変わりはありません。つまり、人間が手を加えて無理やり交配させたら交配できたとしても生物学的種の概念には当てはまらず、交配できたことを種の概念に当てはめることはできないというわけです。ここまでをまとめると、生物学的な種とは、「自然状態で集団のなかでは個体が自由に交配しますが、他の集団の個体とは交配しない集団」のことであり、自由に交配する一つの集団が一つの種となるのです。

生物学的種の概念は、進化の研究者から見ると理想的な概念なのですが、この概念を用いることができない場合が多くあります。まず、個体が交配するかしないかが重要ですので、個体が現在生きていないと適用できません。また、一つの集団が大陸に分布し、別の集団が絶海の孤島に分布していたら、二つの集団の個体が出会うことはありませんので、やはり適用できません。つまり、その生物が現在生きており、二つの集団が同じ生息域を持つ集団を見る場合に、生物学的種の概念を適用することができるのです。また、交配しているかどうかを調べるためには多くの個体を調べる必要があり、多大な労力が必要となります。なかなか気軽に調べることができないことも生物学的種の概念の適用を難しくしています。

系統学的種

ＤＮＡの塩基配列が解読されるようになって普及してきた系統学的種の概念は、次のように

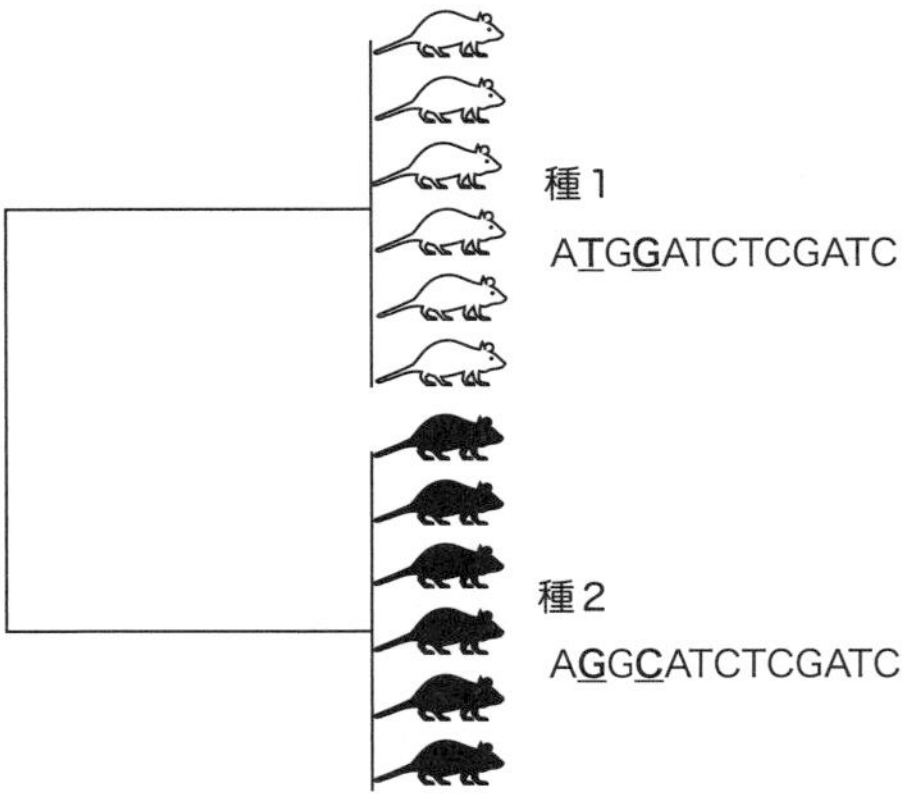

図④　系統学的種

表されます。

「最小の単系統群」

この考え方を簡単に説明していきましょう。DNAの情報は「塩基」と呼ばれ、G、A、T、Cというアルファベットで表される四つの物質からなります。この塩基の並び順が重要です。どういうことかというと、種1と種2のゲノムDNA（すべてのDNA情報：54ページ参照）の同じ箇所の塩基配列を決定したとします（DNAの性質や塩基配列決定法についてのくわしい説明は省きます）。塩基配列は時間とともに少しずつ変化しますので、似た塩基配列を持っている個体ほど遺伝的に近縁だと言えます。そこで、図④に示したような二種の場合を考えます。種1の塩基配列はどの個体でも同じでATGから始まり、種2ではどの個体でもAGGから始まる配列だったとしましょう。種1と種2のあいだでは二番目と四番目の二塩基が異なっていますので、種1の個体は互いに近縁、種2の個体も互いに近縁ということになります。この近縁さを樹の枝の長さに表して、種の近縁関係や進化の道筋を表す方法を「系統樹」といいます。図④はあまり樹のようには見えませんが、種1と種2がそれぞれ一つにまとまり、線で表された枝によって、それぞれの種が少し離れていることがわかります。また、種1の個体はそれぞれ過不足なく（黒い個体が一個体だけ離れたところにはないし、黒い個体のなかに白い個体がいない）一つのまとまりになっていることがわかります。このまとまりを「単系統群」といいます。同様に種2も単系統群です。

単系統群といっても、必ずしも一つの種だけのまとまりになるとは限りません。たとえば霊長目、サルの仲間は単系統群を形成します。ヒトもニホンザルも別の種ですが同じ単系統群に含まれます。そのため、系統学的種の概念では、同じ種は最小の単系統群、つまりもっとも個体間の遺伝的な違い（DNAの違い）が小さい単系統群を一つの種のまとまりとしています。なぜなら、同じ種の個体間では交配を繰り返しているため、ゲノムDNAは種内で混ざり、大きな違いをつくり出さないと考えられるからです。

ここまでをまとめると、多くの個体からDNAの塩基配列を決定したときに、ほとんど違いがなく一つにまとまるグループを〝種〟とする考え方が系統学的種の概念です。

系統学的種の概念にも長所と短所があります。長所としてはヒトが認識できないような違いが種間にある場合でも、その違いを探り当てることができます。たとえば、形態からは同種と思われていたコウモリに含まれる個体には、少し異なる音声パターンを用いる個体がいました。これらの種のDNAの配列を調べてみると、同じ音声パターンを用いる個体どうしのDNAの塩基配列がほとんど同じで、一つの音声パターンが一つの単系統群を形成し、別の音声パターンが別の単系統群を形成することがわかったのです。系統学的種の概念から、これらの二個体は別種とされました。コウモリの音声といえば超音波。しかし超音波はヒトには認識できないので、見分けることはできません。このように、同種だと思われていた種のなかに別種がいることがあります。これはおもにヒトが見分けられない違いがあるから起こりますが、このような種を隠れている種、「隠蔽種《いんぺいしゅ》」といいます。系統学的種の概念によって、隠蔽種を見つけることができるのが大きな利点です。

ただし、この利点は欠点にもなってしまいます。調べたい個体のDNAの塩基配列を読まないといけないからです。たとえ一個体でも、塩基配列を決定するためには体の組織からのDNA抽出、ゲノム上の特定の領域だけを増幅して取り出すPCR法による塩基配列の増幅、サンガー法（DNA断片から数百塩基の配列を個別に決定する方法）によるDNA塩基配列の決定と、いくつもの実験を行う必要があり、労力もお金も費やします。また、二種間が非常に近縁な場合、一部の塩基配列を決定しても二種間で違いがなく、膨大な量の塩基配列を決定する必要があります。つまり用いる配列に依存して種が区別できるかが決まってしまいます。また、このように二種間が近縁な場合、種間の違いと種内の個体差の区別ができなくなる場合もあり、系統学的種の概念は簡単には適用できません。

ここまで種をどうやって定義するかを説明してきましたが、「ある種が他の種から独立に進化する」ということが、種の定義にもっとも重要です。もし、独立に進化せず、他の種と頻繁に雑種を形成していたら、形態では区別できず、ＤＮＡの塩基配列でも区別できません。そのため生物学的、進化学的な考え方では、生物学的種の概念がもっとも重要であり、適用すべき概念であるといえます。しかし先述したように、実際には適用が困難な場合が多いので、形態学的種の概念が用いられることが多くなります。本や多くのメディアなどで「種」が扱われたときに、どのように種を定義しているかを考えてみるのも面白いのではないでしょうか。

二　種分化とは何だろう？

「種」とはどういうものか、概要がつかめたのではないかと思います。三つの定義にあてはめて記載された種は、身近にもたくさん生息しています。花壇を少し見ただけでも、花に集まっている昆虫の種、きれいな花を咲かせている園芸品種、園芸品種から少し離れて頑張っている一般には「雑草」と呼ばれてしまう植物の種、植物の葉を食べている昆虫の種……生物の種の多様性を垣間見ることができます。それでは、このような多くの種はどのようにして誕生してきたのでしょうか？　何の生物も存在せず、物質しかないところから、いきなり生物の種が誕生することは、原始の地球で生命誕生のときに起こっただけだと考えられています。そうすると、多くの種は元になった種から分かれて新しい種となったと考えられます。この種が分かれる過程を「種分化」と呼びます。地球上には膨大な数の生物の種が生息していますが、これらの種は最初の生命が出現したあとに繰り返し起こった種分化によって誕生しました。

もし種分化がなかったら

種分化が重要だということは、多くの生物が繰り返しの種分化で誕生してきたことから、なんとなく理解できると思います。ここではもう少し具体的に重要性を考えましょう。あるものの重要性を考えるときには、「それがもしなかったら」と仮定するとわかりやすくなります。

もし生物の進化の歴史で種分化が起こらなかったとすると、どうなっていたでしょうか。図⑤はそのイメージです。もし種分化がなかったら、生命誕生以来、一つだけの種が現在まで存

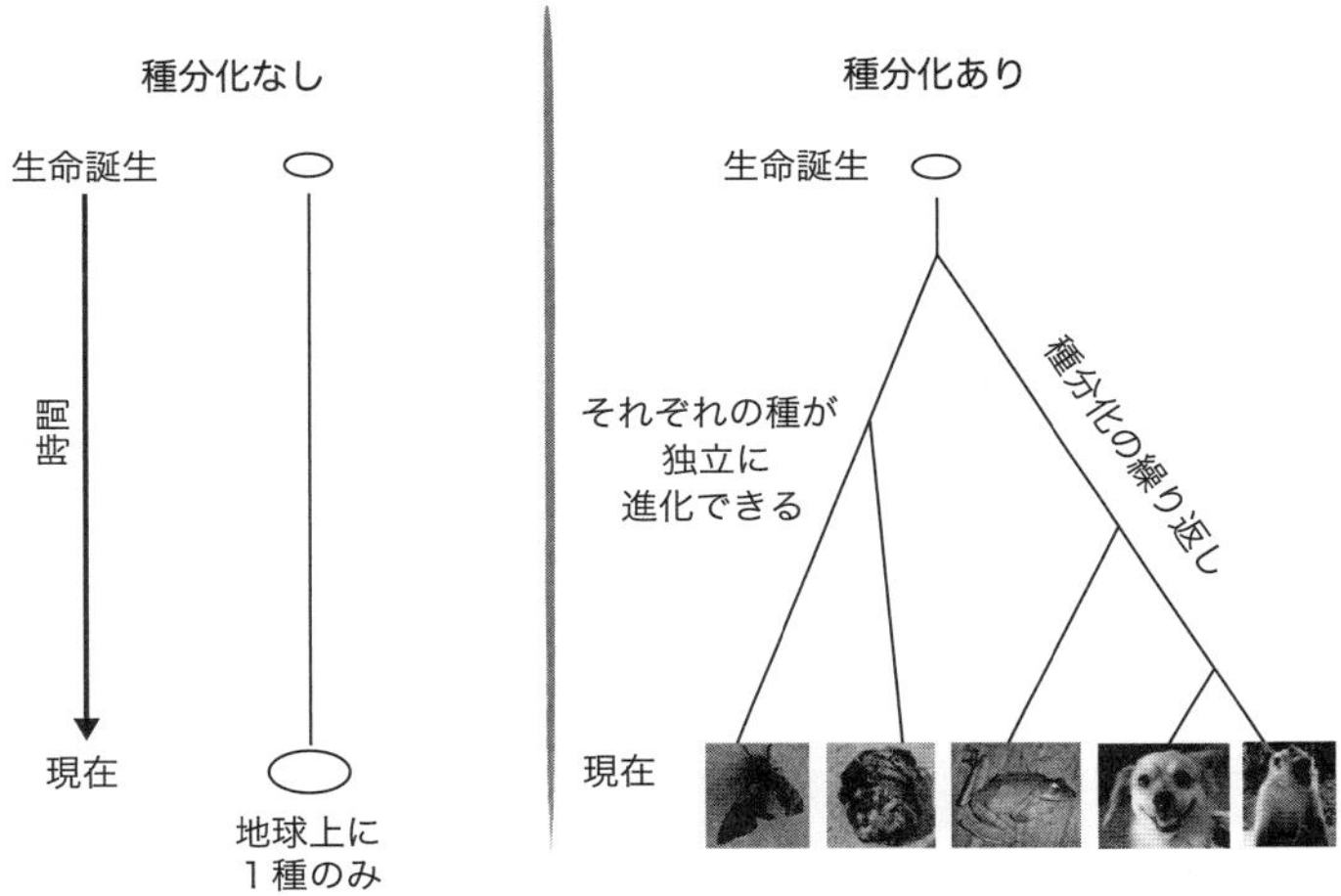

図⑤　種分化の重要性

続したと考えられます。その種はさまざまな環境変化などに適応して、複雑な形態になっているかもしれませんが、海中も陸上もこの一種だけに占められています。このような状況を想像すると、生き物の個体がたくさんいるとはいえますが、生物が多様であるとはいえないと思います。もし種分化が起こっていなかったなら、現在の地球上はそのような多様性のない生物相になっていたのではないでしょうか。

しかし実際には、生物は種分化を繰り返しながら進化してきました。種は独立に進化することが重要と述べましたが、種分化とはまさに独立に進化する新しい種が誕生する過程です。独立に進化するということは、一つの種が新しい形態を獲得すると、元の種とふたたび混ざることがないので、それを維持したまま進化できることになります。この新しい種が再度種分化をすると、それぞれの種はまた新しい形態を獲得して進化します。つまり、種分化をするたびに独立に進化できる集団が増え、それぞれが新しい形質（特徴）を獲得することによって、ますます多様化できるようになるのです。このように、種分化することによって独立に進化することができる「種」という単位を誕生させることができるところに、種分化の重要性があります。種が独立に進化することを考え方の中心に置くと、種の概念、種分化の重要性、生物の多様性を理解することが容易になると思います。

古典的な種分化の考え方

種分化の研究の起源は、チャールズ・ダーウィンが『種の起源』で進化論を提唱した一九世紀中ごろまで遡ります。進化を考えるうえで、種分化は切っても切れない問題だからです。古典的には種分化は、次に示す三つの段階を経て起こると考えられていました。

1. 集団の物理的な隔離
2. 生態や繁殖に関わる形質の分化
3. 集団の二次的接触のときに交配しない

最初の段階の、集団の物理的な隔離を簡単に説明すると、もともとは一つだった集団が高い山、川、海などの物理的な障壁によって行き来ができない、つまり隔離された二つの集団に分かれてしまうことで、「地理的な隔離」ともいいます（図⑥）。これをもう少し深く考えると、これら地理的に分かれてしまった二つの集団は、分かれたばかりのときは形態も生態も同じであり、分かれる原因となった障壁（山や川など）が取り除かれれば、すぐに集団間で交配をして一つの集団に戻ると考えられます。つまり、この隔離された時点では、まだ二つの集団は同じ種です。

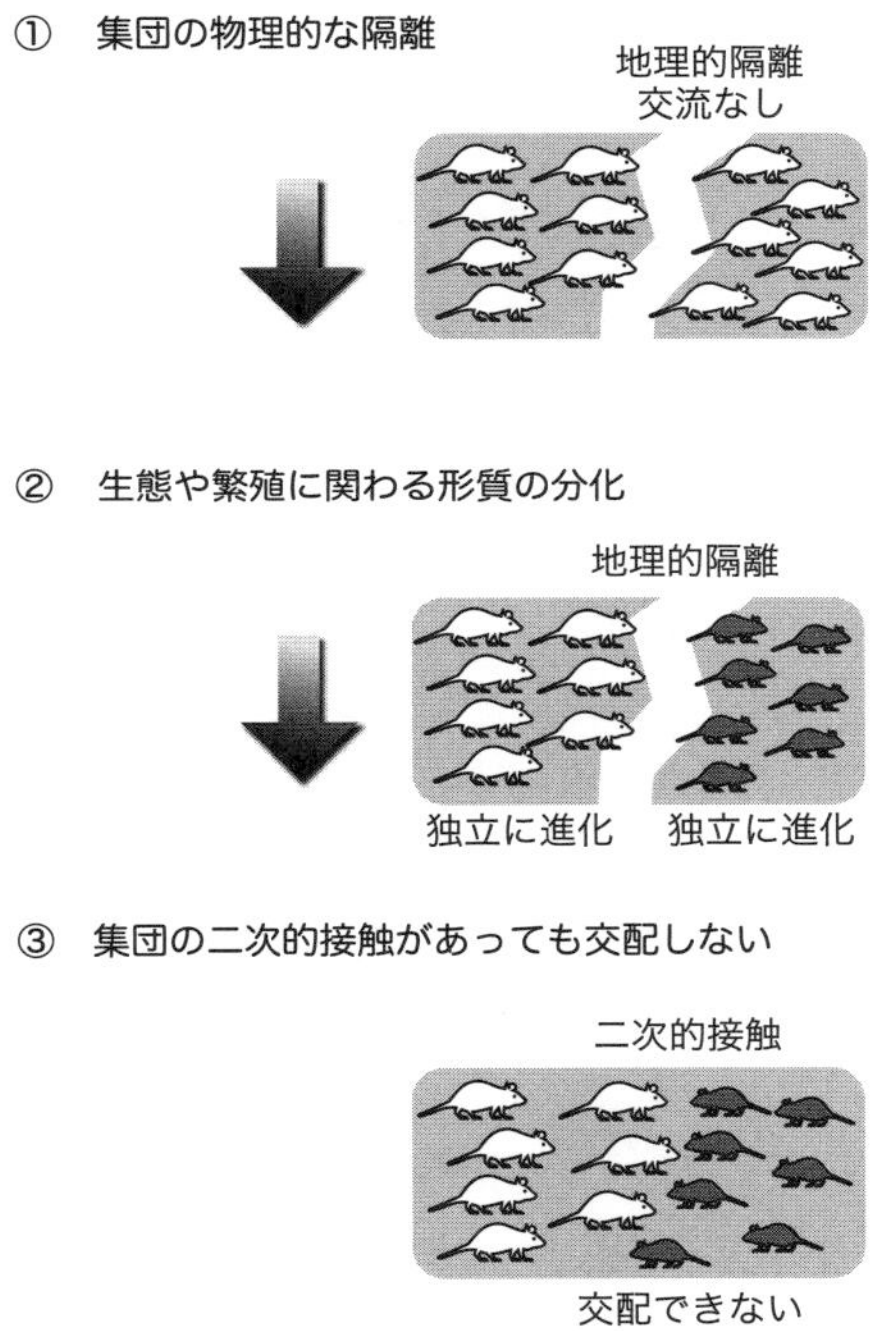

図⑥ 古典的な種分化のモデル

二番目の段階では、地理的に隔離されたそれぞれの集団が独立に進化します。山や川などの物理的な障壁がある場合、二つの集団のあいだで行き来する個体がいないために、それぞれの集団が分布している地域に適応した形質を持つように進化していくと考えられます。たとえば、山で隔てられた片方の集団は湿潤な土地に、もう片方の集団は乾燥した土地に生息していたとすると、それぞれの集団は湿潤、もしくは乾燥に適応したように進化すると考えられます。古典的な種分化モデルでは、このような独立した進化によって、生殖に関する形質もそれぞれの集団で進化すると考えられます。また、その進化には長い時間を要すると考えられます。

三番目の段階では、二つの集団を隔てていた山や川などの障壁がなくなるか、迂回するルートが通じることで、二つの集団がふたたび接触するようになる場合を考えます。このように、一度ある期間分かれていた集団がふたたび出会うことを、「二次的接触」といいます。このときに二つの集団のそれぞれの個体が出会っても、長いあいだ隔離され独自に進化した個体どうしが交配することはないと考えられます。

以上が古典的な種分化のモデルですが、地理的に長い時間隔離されることにより種分化が起こる、ということが考え方の中心にあります。しかし近年では、最初の段階の地理的な隔離は必ずしも必要なく、また集団の隔離と形質の分化は同時に起こることもあると考えられています。さらに三番目の段階である、隔離されていた二集団の接触が必ずしも起こるわけではないとも考えられています。そのため現在では、二集団間の遺伝的交流の断絶の過程、つまり二つの集団の個体が交配しなくなる過程が種分化として扱われるようになっています。

これでようやく準備が整いました。次の章から、種分化の過程がどういったものだったのかを、さまざまな事例と最先端の研究を交えながら紹介することにしましょう。

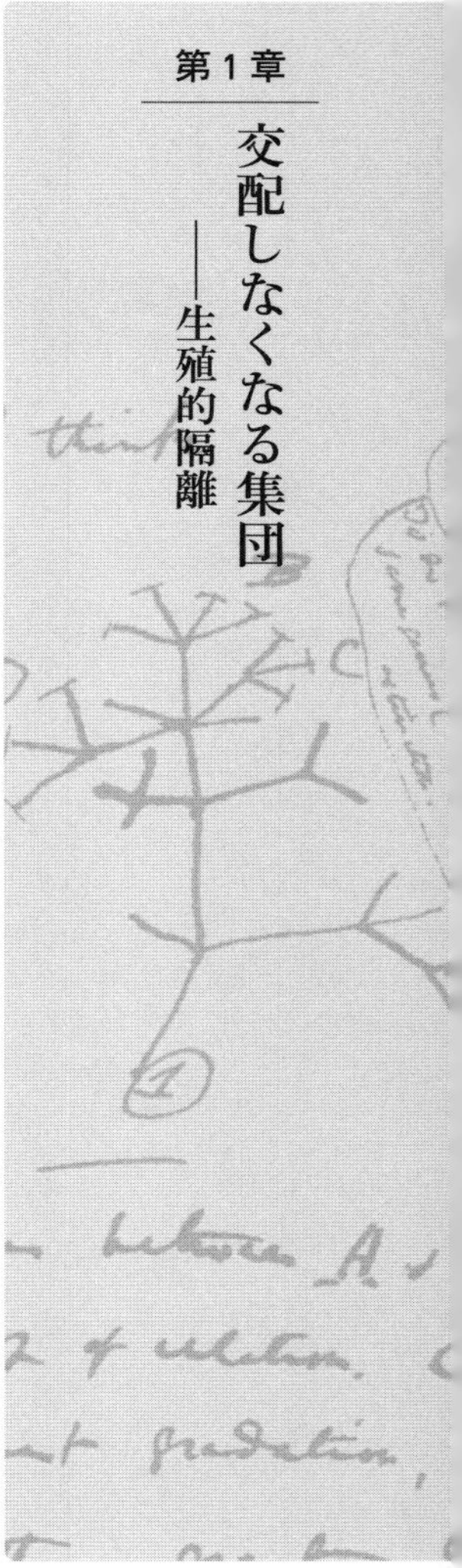

第1章
交配しなくなる集団
——生殖的隔離

序章の最後で、種分化とは「二つの集団の個体が交配しなくなる過程」だと説明しました。そこで重要になるのが、なぜ交配しなくなったのかということです。なぜなら、交配しない理由がわからなければ、交配しなくなる過程もわからないからです。「交配しない」といっても、その可能性はいくつも考えられます。交配しようとしないのか、交配しようとしてもできないのか、交配をしてから子が育たないのか、交配をして子が育ってもその子に繁殖能力がないのか、などです。この章では、「どうして交配しないのか」に焦点を当てます。ちなみに「交配しない」ことを専門用語で「生殖的隔離」といいます。今後は交配しないという代わりに生殖的隔離を説明に用います。

序章では、種が独立に進化することを考え方の中心に置くことが重要だと述べましたが、そのためにもっとも必要なのが生殖的隔離です。つまり二つの集団が交配しなくなる過程、すな

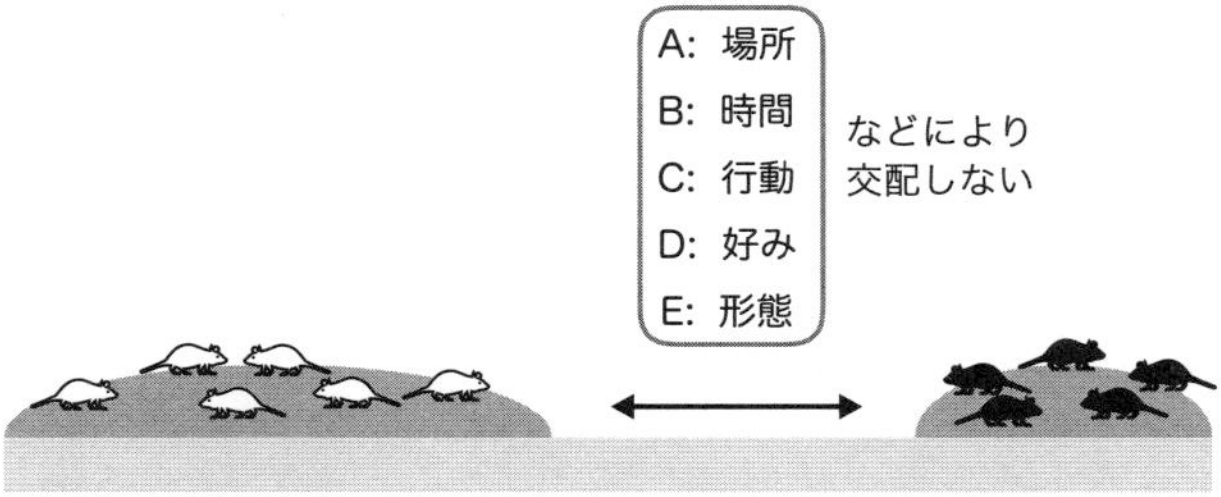

図1－1　接合前隔離　接合の前に接合が阻まれる。

わち生殖的隔離が成り立つ過程が種分化となります。新しい種が誕生するということは、新しい生殖的隔離が成り立つということでもあります。

雌雄の親はそれぞれ卵と精子を配偶子として形成します。そしてこれらの配偶子が受精（接合）することによって受精卵が生じ、発生が進み、子が誕生します。生殖的隔離を説明する際に、配偶子が接合する〝前〟と〝後〟に分けて考えると理解しやすくなります。動物であれば、受精前と受精卵形成後に分けることで、二つの種が交配しない原因が受精前にある場合を「接合前隔離」、受精後の場合を「接合後隔離」といいます。次にそれぞれについて説明します。

一　なぜ受精できないのか

受精の前に二つの種からの配偶子が受精までたどり着けない要因は多く知られています（図1－1）。まずはそれらを順次説明していきましょう。

出会いがない

もともと二つの種が川や高い山などで隔離されて行き来できない場合（地理的隔離）は、それぞれの種の個体が出会うことができませんので、接合前の隔離となります。新しく島が誕生し、そこに生物が移住して、移住元と交流がなくなった場合も接合前の隔離です。

ハワイ諸島は北米からもアジアからも離れた太平洋の孤島で、海底火山の噴火によって形成されています。ハワイ諸島には固有の生物が数多く生息していますが、それらは火山噴火により島が形成されたのちに移住してきたと考えられています。大陸から遠く離れた島に移住した個体は、移住元に生息する個体と出会うことがなくなり隔離されます。このような隔離により起きた種分化については第3章でくわしく説明します。

たとえ同じ地域にいて分布の範囲が同じだとしても、生息する場所が異なれば接合前隔離は起こります。たとえば、それぞれ別の植物を食べる昆虫が二種いて、それぞれの種は食べている植物の上で成長し繁殖するとします。そしてそれぞれの種が食べている植物の上からほとんど移動しないとすると、二種が出会うことはなくなり接合前隔離となります。

活動時間が違う

同じ地域に二種が生息していたとしても、活動する時間が異なれば二種が出会うことはありません。たとえば、昼行性の種と夜行性の種がいる場合に、まったく同じ場所に生息していたとしても、昼と夜に活動しているので二種の個体が出会うことがなくなります。また、繁殖の時間が異なる場合も接合前隔離につながります。早朝に繁殖する種と夕方に繁殖する種が同じ地域に生息する場合、それぞれ繁殖時間が異なっているため、二種の個体が出会ったとしても交配することはありません。

繁殖行動が理解できない

多くの生物は繁殖の際に特有の行動をします。たとえばある種のハエは、交配の前にダンスをして羽を鳴らして、その後交配に移行します。この行動が正しくないとメスはオスを受け入れません。また、このような繁殖の際の行動は種間で異なることが多く、行動が異なれば交配できません。

好みが合わない

多くの生物では似た者どうしで交配し、これを「同類交配」と呼びます。同類と交配するためには、同類の配偶者を見つけ出して選択する必要があり、これを「配偶者選択」と呼びます。配偶者に選ばれるためには、「ボクは同類で、強くて健康な配偶者だよー」と選択する側の配偶者にアピールする必要があります。このアピールと選択する側の好みが合わなければ、交配できません。配偶相手にアピールする際には、さまざまな方法が用いられます。コオロギやカエルの鳴き声、ホタルの光、フウチョウのオスの豪勢な飾り羽根、交配相手を誘引するフェロモンなどは、すべて交配相手に向けて発しています。これら交配相手へのアピールを相手が受け入れなければ、交配できません。

ここで私が研究対象としているシクリッドを例に少しくわしく紹介しましょう。シクリッドでは好みによる隔離が実験的に示されています。[1] ヴィクトリア湖に生息する近縁なシクリッドを用いた実験が行われました。これら二種は形態がよく似ているのですが、オスの婚姻色は異なります。片方の種はブルーグレー（便宜的に〝青〟といいます）で、もう一方の種が〝赤〟です。これらの種のオスをそれぞれ長細い水槽の両端に入れ、仕切りを入れます（図1−2）。そして、どちらか一方の種のメスを入れて、どちらのオスのところに惹《ひ》きつけられていくかを記録します。さらにこの実験を、メスの種類や個体を入れ替えて行います。そうしたところ、白色光（ふつうの部屋での光）では、それぞれの種のメスは自分と同じ種類のオスを好みました。しかし、照明を緑色だけの単色光にすると、オスを見分けることができなくなりました。

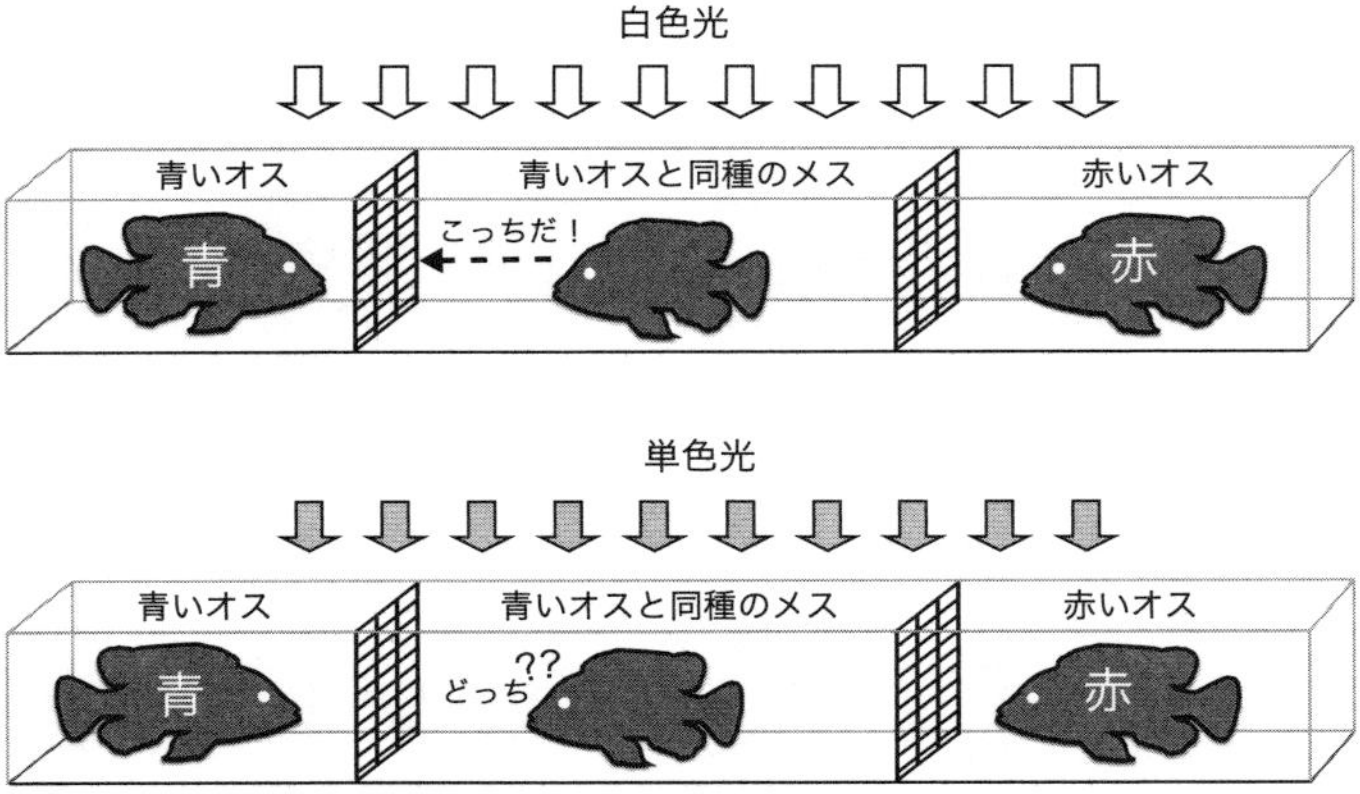

図１－２　シクリッドの好みによる生殖的隔離　文献１を改変。

この実験から、シクリッドのメスはオスの体色を見て好みのオスを選択し、好みが合わないと隔離が起きることが明らかになっています。

ここで、この場合の〝好み〞とは何かについても説明しておきましょう。上述した青と赤の婚姻色の種において、それぞれどの色の光を見るときに感度がよいかが調べられています。すると、青の種は青い光に、赤の種は赤い光に感度がよいことが示されました[2]。感度がよいということは微弱な光であっても受容して見ることができるということで、その色の光が、明るく目立って見えることを意味します。つまりメスが見る光の色（波長）の〝好み〞は、〝青が好き〞とか〝赤が好き〞といった意味ではなく、目立つ色を選ぶということを意味します。このように眼の見え方の違いによって交配しなくなる――生殖的隔離を起こす――のであれば、ちょっとしたきっかけが種分化の引き金になるのではないかと考えられます。

形が合わない

交配相手を見つけて相手に受け入れられた場合でも、交配しようにも物理的に交配できない場合があります。オサムシでは、種間でオスの交接器の形態が異なっており、別種のメスとの交配が物理的に無理な場合があるのです。また、カタツムリの仲間には殻が右巻きの種と左巻きの種があり、右巻きの種どうし、左巻きの種どうしは交配が可能ですが、右巻きと左巻きの個体では交配が困難となります。

ここまで接合前隔離について説明してきました。どの生殖的隔離のケースでも人工的に二つの種——たとえば片方の種のオス一匹に他方の種のメス一〇匹——を一緒に飼育して、選択の余地をなくしたり、昼夜のリズムを崩したりすれば、交配が起きるケースは多いと思います。また二種が遺伝的に近縁であれば、雑種の子が成長して繁殖することもあるかもしれません。しかしだからといって、生殖的隔離が成立していないことにはなりません。なぜなら、自然下では交配をしていないからです。つまり、生物学的種の概念を適用すれば、この二つの種は別

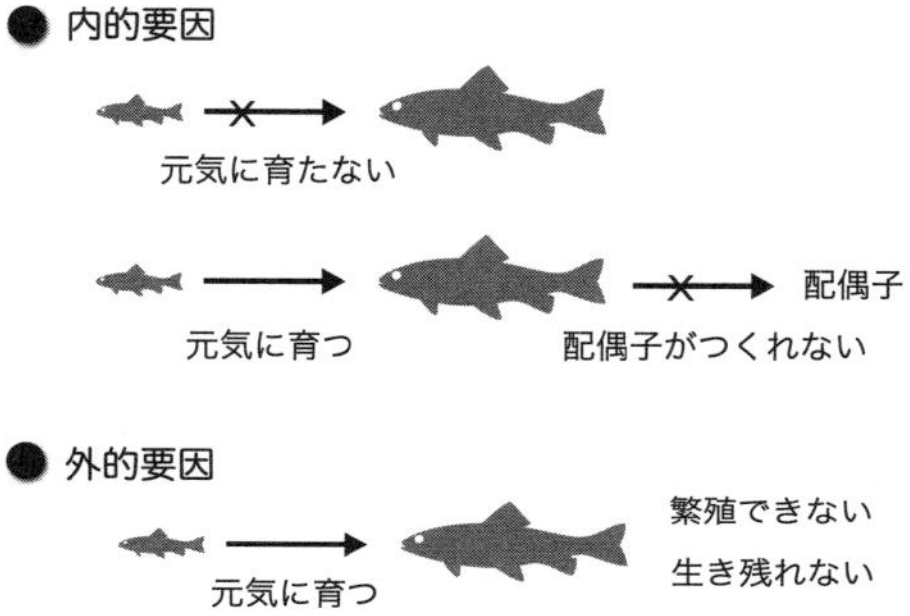

図1－3　接合後隔離　接合があっても、雑種は子孫を残せない。

の種であるということになるのです。

二　なぜ子孫を残せないのか

二種からの配偶子が接合――受精――したとしても、その後何らかの要因で受精卵が次世代もしくはさらにのちの世代に子孫を残せない場合を「接合後隔離」と呼びます（図1－3）。接合後隔離の要因には、大きく分けて「内的要因」と「外的要因」の二つがあります。

ラバが子孫を残せない理由

内的要因とは、二種の配偶子が接合した受精卵それ自体が持つ要因です。子孫を残せない内的要因のもっともわかりやすい例は〝致死〟、つまり受精卵が死んでしまうことです。致死は受精直後に発生が止まって死んでしまう場合から、ある程度発生が進んでから死んでしまう場合などがあります。また、受精卵が発生しても正常に発生が進まない、〝発生異常〟があります。発生異常が起きてしまった個体が成体まで成長するのは困難です。

二種の配偶子の接合から成長した交雑個体に発生異常などがなく、正常に成体になる場合でも内的要因による接合後隔離が起こる場合があります。よく知られている例は、交雑した第一世代（F1と呼びます）が配偶子を形成できないことです。この場合、F1個体は健康でも交雑第二世代（F2と呼びます）をつくることはできません。またF1が配偶子を形成できないので、もともとの二種のどちらかの個体と交配することもできません。つまり、二つの種が遺伝的に混ざることはないのです。

オスのロバとメスのウマを交配させると「ラバ」が生まれます。ラバはおとなしくて力持ちなので使役動物に適していますが、この交雑個体は子供をつくることができません。そのため、ロバとウマは遺伝的に混ざることがないのです。

接合後隔離を実際に確認した研究例も多くあります。野外で接合後隔離を観察することは難しいため、接合後隔離の検証は実験室内で行うことが有効です。しかし実験室内は野生下とは異なる環境ですので、確実に野生状態を再現できていないことも考慮する必要があります。ここでは、第3章でも登場する「テッポウエビ」について、接合後隔離を実験室内で検証した例を紹介します。

北米大陸と南米大陸をつなぐパナマ地峡は、同時に、カリブ海と太平洋を分断する地理的な障壁となっています。カリブ海と太平洋には、この地峡のために種分化を起こした七ペアのテッポウエビが生息しています。これらの種のペアのうち、地峡を挟んだ種のペアと、比較対象として同種の個体どうしの掛け合わせ実験を行った結果、同種内では掛け合わせは可能で幼生が得られたものの、地峡を挟んだ種のペアではわずか一％しか幼生が得られませんでした。幼生が得られなかった理由として、「受精がうまくいかない」「発生が途中で止まる」などが考えられます。この検証から、これらの種のペアはすでに生殖的に隔離された別種であり、接合後隔離を起こしているということができます。また実験室内という条件付きではありますが、地峡を挟んだ種が交配できたことから接合前隔離は成立していないことがわかります(3)。

種なしフルーツはなぜできるのか

染色体の倍数化も内的要因の接合後隔離を起こします。たとえば、もとの種の個体が2n（染色体の本数をnで表しその二倍という意味）だったとします。植物ではよく染色体の倍数化が起こることが知られており、倍数化が起こると4n（染色体の本数がnの四倍）になります。2nの個体が形成する配偶子の染色体の本数はnで、4nの個体が形成する配偶子のそれは2nになります。これらの配偶子が接合すると3nの個体となり、3n個体は正常に配偶子を形成できなくなります。余談になりますが、種なし栽培植物——多くの場合は種なしのフルーツ——は、この染色体の倍数化を利用して作成されています。とくに栽培化されたバナナは3nであることが知られており、実をつけても種はありません。そのため、株分けによって増やします。また、野生でも3nの生物が存在します。そのような生物は配偶子を形成できないので有性生殖を行わず、単為生殖（メスがオスなしで繁殖すること）をして増えます。

染色体の倍数化による接合後隔離の面白い点は、倍数化した個体が生じるとすぐに接合後隔離が成立してしまう点です。染色体の倍数化は植物でよく起こることが知られており、初めてこの現象を知ったときに何だか〝インスタントな〟生殖的隔離だなと思ったことを記憶しています。

どっちつかずで繁殖できない

二種の配偶子が接合して生じた交雑個体に内的要因の問題がなく、F1、F2、F3……と交雑個体が世代を重ね、食物が豊富な場所で交雑個体だけが繁殖している限り、交雑個体は増え続けることができます。しかし実際には、多くの外的要因があるために、交雑個体が増え続けることは困難になります。外的要因が働いて交雑個体がいなくなると接合後隔離となります。

たとえば、一つの種が湿潤な土地、もう一つの種が乾燥した土地で生き残るように進化してきたとします。多くの場合、交雑個体は二つの種の中間の形質となるので、この二種が交雑したならば、湿潤な土地でも乾燥した土地でもそれほど生き残りやすくないと予想されます。つまり、湿潤な土地と乾燥した土地のそれぞれで生き残りやすい親の種に比べて、生き残りの度合い（「適応度」といいます：次章参照）が低くなったため、子孫を残せないと考えられます。

このような適応度以外の外的要因として、その形質のせいで繁殖できるかできないかが決まることがあります。片方の種は青い個体を同類だと認識して交配し、もう一方の種は赤い個体を同類と認識して交配する場合、この二種の交雑個体は青と赤の中間の、彩度の低い色となってしまうと予想され、どちらの種の個体とも交配できず、繁殖の成功率が低くなってしまいます。そうすると子孫を残すことが難しくなり、接合後隔離となるのです。

ここまでで、接合の前と後の生殖的隔離について説明してきました。地理的隔離のような、二種の個体が出会うことができない強固な隔離（第3章参照）から、外的要因のように外部環境が変わると危うくなりそうな隔離（第4章参照）までありますが、生殖的隔離があるために、生物の種は独立した種として進化できるのです。

野外調査ファイル①

タンガニイカ湖のシクリッド〜野外調査は楽しい！〜

タンガニイカ湖への長い長い行程

淡水の川や湖で水深が一〇〇メートルを超えるところはなかなかありません。聞くところによると、中国の黒竜江やアフリカのコンゴ川で川幅が狭くなっている場所の水深が深くなっているそうです。あとはロシアのバイカル湖が淡水では世界一水深が深く、それに次ぐのが、このコラムで紹介する、アフリカのザンビアを含む四か国にまたがるタンガニイカ湖です。

子供のころにタンガニイカ湖の生物についての本を読み、それ以来そこにいる生物のことを知りたいなと思っていました。その本には「タンガニイカ湖は昔、海とつながっていたために、殻の厚い貝やイワシ、フグ、カイメンなどがいる」と書かれていました。実際には間違った記述なのですが、興味を持った一因ではあります。ちなみに、タンガニイカ湖は大地の割れ目に水が溜まったのであって、海とつながっていた事実はありません。

私が初めてアフリカのシクリッドを見たのは、横浜駅のみどりの窓口に置いてあった水槽でした。子供のころから魚は好きだったので、ふつうの魚ならおおよそは知っていましたが、そ

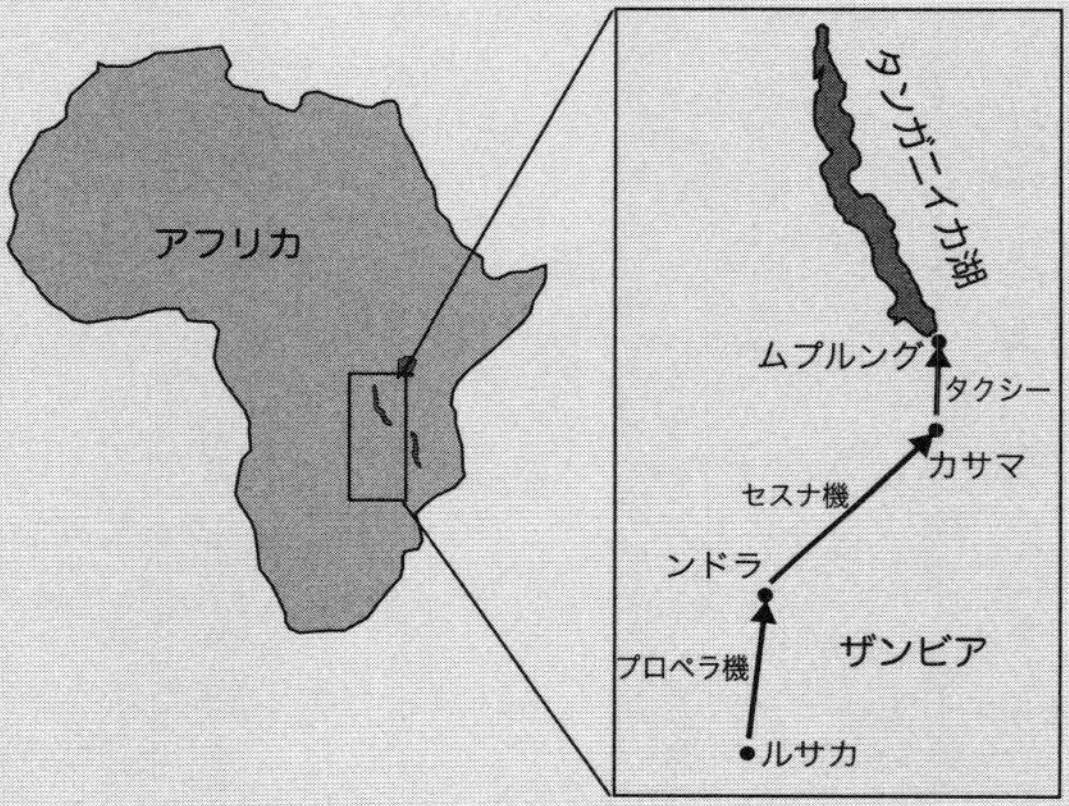

図C－1　タンガニイカ湖への行程

のとき見た魚はメタリックブルーや黄色で、淡水魚なのか海水魚なのかさえわからない不思議な魚でした。いま見ればマラウイ湖のシクリッドで、種名までわかると思いますが、そのときは初めて見るシクリッドに不思議さと興味を感じたのでした。

二〇一三年、子供のころの念願がかなって、タンガニイカ湖に生息するシクリッドを調査するために訪れることができました。タンガニイカ湖を選んだ理由の一つに、水深の深さがあります。水深が深くなると光は弱くなり光の成分も偏り、極端な光環境になります。そこに生息するシクリッドを調べれば、視覚の適応についての面白い事実が明らかになるのではないかと期待したわけです。

このための調査を行ったのはタンガニイカ湖最南部の町ムプルングですが、到着までに長い行程が待っています（図C－1）。羽田空港からドバイ、ドバイからザンビアの首都のルサカ、ルサカからプロペラ機でンドラ、ンドラからセスナ機でカサマ、カサマから現地の個人タクシー（ふつうの車です）でムプルングに到着です。経由地で宿泊しなくても三七時間ほどかかりますが、行く価値のあるとてもよいところです。途中、セスナ機がカサマに着陸する際に、消防車と救急車がスタンバイしているのが見えて不安になりました。実は、カサマの空港（小さな建物が一つと滑走路だけですが）には消防施設と救急施設が併設されていないためこの二台が必要だったのです。

深い水深のシクリッド調査

濃藍深緑の透明な水を雄渾《ゆうこん》にたたえるタンガニイカ湖。タンガニイカ湖の湖面を見るとそのような言葉が浮かんできます（口絵①）。透明度が高く、船着き場でも水を汲む場所でもどこにでもシクリッドがいます。このすばらしい湖をボートで三〇分くらい行くと、水深が一〇〇メートルを超える目的地に到着です。水深は魚群探知機で測り、シクリッドの採集はそれまでにほかの研究者の方々が行っていた深場刺し網で行います。深場刺し網とは、沈めた網に魚が引っかかるのを待つ漁法、いわゆる刺し網を八〇～一〇〇メートルまで沈める方法です。深場刺し網の利点は、魚が数多く採集できるかもしれないことで、欠点は深場からの引き上げが大変で岩に引っかかる可能性があることです。

今回の調査では、DNAばかりでなく物質として不安定なRNAを眼から抽出しなければならないので、新鮮な魚を入手する必要がありました（この研究は第2章で紹介します）。ふつうなら深場刺し網は夕方に沈めて朝引き上げるのですが、今回は新鮮さを重視して、仕掛けてから二時間で引き上げました。待ち時間には、近くの漁村で現地の子供たちと一緒に写真を撮ったりして過ごし、ふたたび網を仕掛けた場所へ。しかし、網を引き上げてもたったの二匹しかシクリッドは採れず、場所を変えればいいのか、時間を変えればいいのかと思案しながら、次の日に再挑戦することにしました。

深湖魚釣りとダイビング

次の日、網を仕掛けて待つあいだに日本から持参した釣り道具で釣りをしてみました。リールに糸が一〇〇メートルしか巻かれていないのが心配ですが、八〇メートルの水深に第一投目を投入しました。餌はタンガニイカ湖のイワシの仲間、カペンタです。さすがに八〇メートルもあると糸が伸びて振動を吸収してしまい、魚が引いているのかどうかが全然わかりません。しかし、なんだか重いので引き上げてみると、一瞬種類のわからない大きな魚が上がってきました（図C-2）。落ち着いて見ると、深いところから上がってきて少し目が飛び出ていること、大きすぎること以外は、よく知っているシクリッドでした。「こんなに深いところから、生き

第一投目での釣果　　深場のシクリッド

図C－2　深湖魚釣りでの成果

たまま上がってくるなんて！」と思いつつ、第二投目を入れるとすぐに重くなります。ほぼ入れ食い状態で、貴重な深場の種が続々と釣り上がってきます。サンプル採集のはずなのに、楽しくて仕方ありません。

最初は岩場の種が釣り上がり、場所を変えると砂地の種が釣れ、貴重な種が生きたまま集まります。釣りのいい点は、生きたままのサンプルを手にいれられることと、網では捕まえられない小さな種も釣れることです。そのため、次の日からは深場刺し網はやめて釣りのみで採集をしました。一度などものすごく重い〝何か〟がかかり、サオの先が折れ、ハリスが切られることもありました。しかし、もともとボートから真下に仕掛けを下ろしていたので、折れたサオの残りで釣りを続けました。おかげで十分な成果（釣果）を挙げることができました。唯一大変だったのは日焼けです。太陽からの光と湖面の照り返しで、日光が倍増して強烈でした。日焼け止めを塗っていない唇が毎日腫れていました。

釣りのほかに、ダイビングで水中の調査も行いました。タンガニイカ湖にはワニがいるため、スキューバダイビングのみとなります。シュノーケリングは水面でバシャバシャするので、ワニをルアーでおびき寄せているようなものなのだそうです。水中に潜ると一面シクリッドだらけです（口絵②）。何時間潜っていても飽きることはありません。今回は深場の種が対象だったのですが、その幼魚は水深一五メートル程度のところを泳いでいました。

タンガニイカ湖での生活

タンガニイカ湖での生活は、まずは調査で、調査が終わると魚が新鮮なうちに眼をRNAの保存液に漬けて保存します。そこまで終わると夜になっているで、夕食となります。夕食は眼のサンプルをとってしまった魚です。ムプルングでのおもな燃料は炭ですので、炭火焼きのおいしい魚を食べることができます（図C－3）。とくに深場のシクリッドは脂がよくのっており、塩焼きにすると絶品です。これまでにさまざまな魚を食べてきましたが、魚を食べるためだけにタンガニイカ湖に行きたくなるほど美味です。主食はシマというモロコシの粉を、火を通し

図C－3　タンガニイカ湖での食事

ながらお湯で練ったもの。粘りのあるマッシュポテトのような感じがします。

ムプルングに行く前には、牛肉を買って行くとよいと聞いていました。ムプルングまで行ってしまうと牛肉が買えないのだとか。そこでカサマからのタクシーに乗ったときに「ビーフを買いたい」と伝えると、肉屋さんに連れて行ってもらえたのですが、暑い日にそのまま無造作に肉が積まれていました。しかも、肉の中に何やら透明感のある丸いものがあって、それもきれいに切られています。あとでわかったのですが、それは通称「ザンビーフ」と呼ばれる固い牛肉で、透明感のある部分は強靱な筋でした。長時間煮込むとおいしく食べられます。

タンガニイカ湖の夜にはいつも停電がやってきます。計画的だったり突然だったりと、理由はともかくよく停電しているので、ろうそくとライターが欠かせません。水は、タンガニイカ湖の水か雨水を沸かしたものを飲みます。お風呂はたらいにタンガニイカ湖の水を汲み、そこに少しお湯を注いでできあがりです。たらいには入らず、少しずつぬるい水をかぶって頭や体を洗います。ドラム缶を縦に半分に切って、横置きした風呂もありますが、足元が熱いのと、背中を蚊に刺されやすいので要注意です。ベッドには蚊帳がついており、夜に蚊に刺されないので安心ですが、いつマラリアが発症してもよいように、マラリアの薬を渡されていました。

予防接種

アフリカの国には、黄熱病の予防接種を受けていないと入国できません。この予防接種は弱毒化したウイルスを注射するため少し発熱する場合があり、体調をよくしてから打つとよいでしょう。そのほかにもアフリカやインドネシアに行くなら、狂犬病、破傷風、A型肝炎などの予防接種は打っておくのが安全です。私の場合、予防接種を打つと疲労感がやってきて、体が抗体をつくるのにエネルギーを使っていることが実感できます。マラリアには予防接種はありません（予防薬はありますが、体にもダメージがあるので合わないようなら、やめたほうがよい）。もし発病したら、現地で流行しているマラリアの型に合わせた薬を現地の病院でもらうことになります。

空港

アフリカの空港では空港職員が親切にしてくれることがあります。出国のゲートに並んでいたときに、親切そうな職員が「並んでいて列が進まないから、こっちから通してあげるよ」と、列の先頭に連れて行ってくれて、荷物検査もそこそこにゲートを通してくれました。しかし、親切はタダではないらしく「フレンド、親切にしてあげたから俺にも親切にしてくれよ」といわれ、「ん？」と思っていると、親切には見返りが大切だということを教えてくれました。「あー、お金ね」と気がつき財布を出そうとすると、「財布を出すな、お金をもらっているみたいじゃないか」とたしなめられ、空港の売店でお金を使い切ったことを話すと「あそこの上司に説明してもらえないか？　でないとピンハネしていると思われる」といわれました。正規の職員の上司も一緒にこんなことしているのかと思っていたところ、「今度きたときも通してあげるから、ここに連絡して」と名前と電話番号を教えてくれました。あまり罪悪感はなくやっているようですので、怖がらずにキッパリと断るのがよいと思います。

このようにとても楽しい調査も、予防接種などの事前の準備や現地に行ってからの安全に気を配ることで、次の調査へとつながります。調査ばかりでなく、採集したサンプルを用いた実験室での研究や解析も楽しいことです。論文を書いたり研究費を申請したりと苦労も多いですが、楽しい研究がその苦労を忘れさせてくれるのも事実です。生物に興味をもっている人には、ぜひ一度あじわってもらいたいなと思います。

第２章

生物の進化はなぜ起きるのか

この本の本題の種分化の説明に入る前に、おさえておかなければならないことがあります。それは「進化はどうやって起きてきたか」ということです。そこでこの章では、進化について理解するうえで重要な考え方、中立進化、自然選択、性選択の説明をします。

一　偶然が左右する進化——中立進化

生物とは何だろう

これから「進化はどうやって起きてきたか」を説明するわけですが、その前に、そもそも生物とは何だろうということを理解しないと話が進みません。ここでは話を簡単にするために、多細胞真核生物の話から始めましょう（図２-１）。真核生物の個体を構成するのは細胞です。

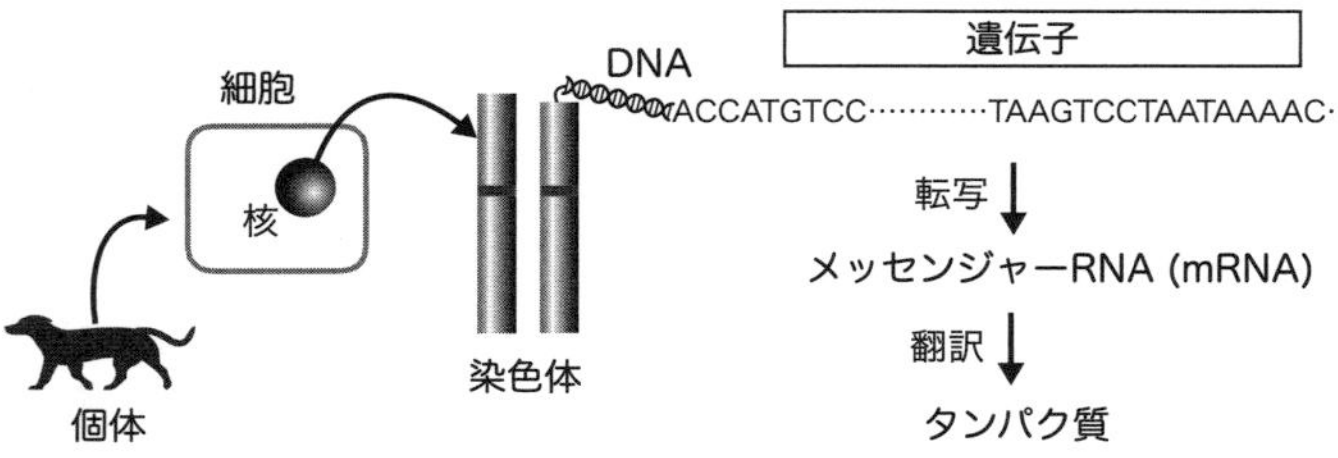

図２－１　多細胞真核生物の概略

その細胞のなかには核と呼ばれる細胞小器官が存在し、そのなかにはＤＮＡがコンパクトに折りたたまれて入っています。一つの細胞、もしくは細胞が構成する生物の個体が持つすべてのＤＮＡの情報を「ゲノム」と呼びます。ゲノムには塩基と呼ばれ、Ｇ（グアニン）、Ａ（アデニン）、Ｔ（チミン）、Ｃ（シトシン）の四つのアルファベットで表される遺伝情報が書き込まれています。ゲノムのなかの遺伝子にはタンパク質の情報が書き込まれて（コードされて）おり、その情報はメッセンジャーＲＮＡとして読みだされ、タンパク質を合成するために翻訳されます。合成された数多くのタンパク質が働くことで細胞ができ、細胞が集まって個体を構成します。つまり、ゲノムが個体の設計図となるのです。

　生物は配偶子（卵や精子など）を形成して交配し、自己複製をしますが、そのときに設計図であるゲノムも複製されます。しかし、完全に複製されるわけではなく、ほんの少しだけ複製を間違えてしまいます（ＤＮＡ複製酵素のエラー）。これがゲノムＤＮＡに起こる「変異」です。じつはこの変異のために、個体間で少しずつゲノ

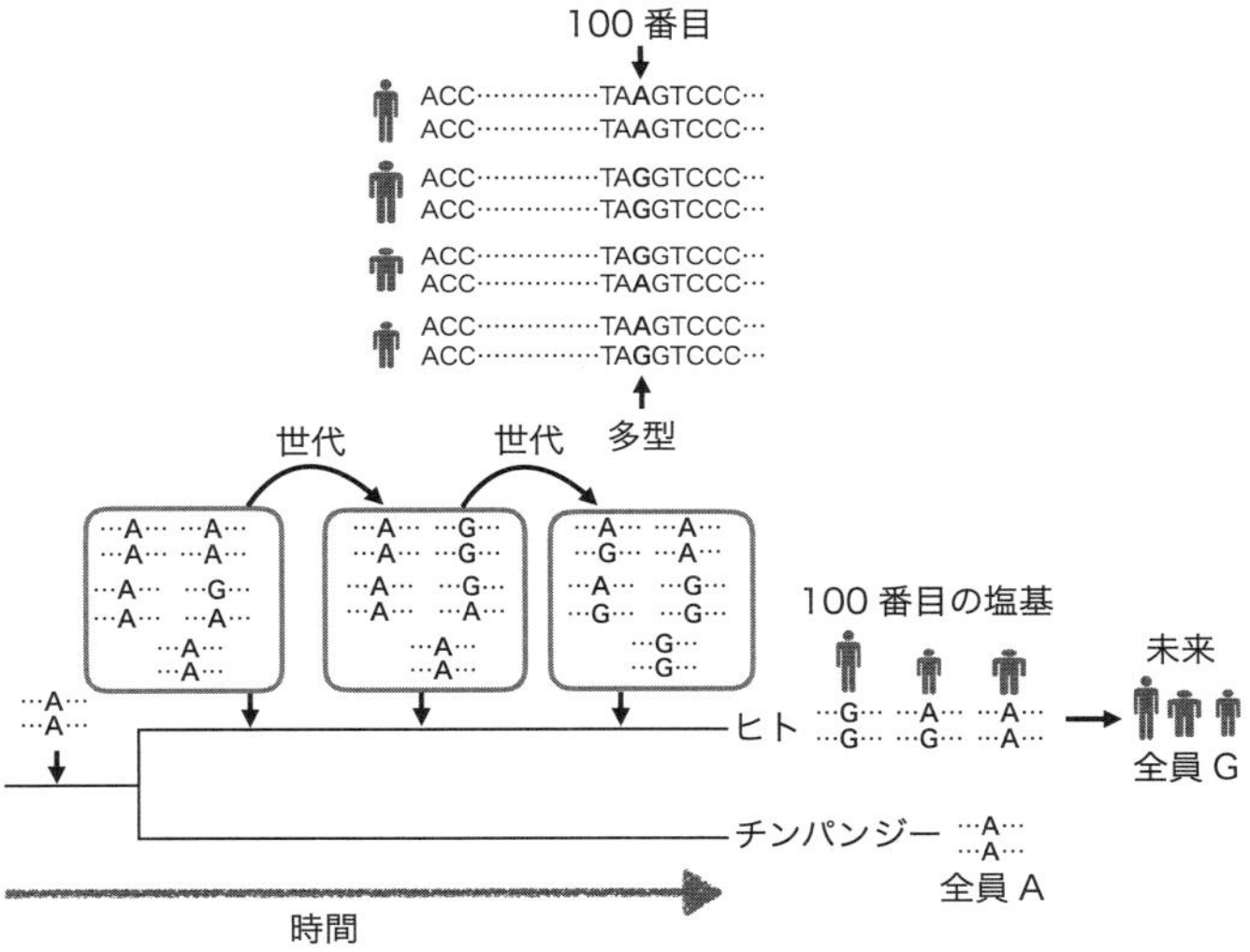

図2－2　進化とは遺伝子頻度の変化

ムDNA（以降は単に「ゲノム」とします）の情報が異なります。別の種と比べれば、さらにゲノムは異なります。たとえば、ヒトとチンパンジーはゲノムが九八・七％同じですが、一・三％も違っているのです。一・三％というとわずかに感じるかもしれません。しかし種分化の研究をしている私にとっては「一・三％も違う」のです。なぜならこの一・三％が、ヒトとチンパンジーのあいだの大きな違いを生み出しているからです。

進化に必要なDNAの変異

話を同種の個体間のDNAの並び順（「塩基配列」と呼びます）の違いに戻しましょう。ヒトを例に図を使って説明します（図2－2）。ゲノム上のある場所、たとえば一番端から一〇〇番目の塩基が、ある人ではA、別の人ではGだったとします。そしてほかの人もAもしくはGを持っていたとします。この状態を「一〇〇番目の塩基はヒト集団中でAとGの〝多型〟である」といいます。実際にこのようなゲノム上の多型の位置（「座位」といいます）は、頻度にもよりますが一〇〇〇塩基に一つあるとも報告されており、この個体間の少しずつの違いが個体差をつくっています。自分と他の人の背の高さなどが違うのはこの多型のためです。

ここでヒトともっとも近縁なチンパンジーの場合で考えてみます。一〇〇番目と同じ位置の塩基がAだったとして、ヒトに進化する系統のどこかの時点の一個体が一つの配偶子を形成する際に、AがGに書き換わったと考えましょう（DNA複製酵素のエラー）。そして、その一つのGを次の世代では二個体が持ち、その次の世代では四個体が持ち、と少しずつ増えていき、現在ヒトが集団内に持つAとGの多型になり、さらに時間が経過した未来ではすべてのヒトがGを持つようになったとします。この過程で一〇〇番目の塩基はAからGに完全に置き換えられ、設計図であるゲノムが書き換えられたことになります。このゲノムの書き換えが進化の根本です。ゲノムの書き換えなしに進化は起こりません。

ここまでの説明を復習すると、一番最初にDNA複製酵素のエラーにより変異が入りました。その変異はヒト集団内で少ない頻度から多い頻度に変わり、最終的にはすべての個体で変異の配列を持つようになりました。DNA複製酵素のエラーはランダムに起き、それから変異の頻度が変化していきます。つまり進化とは、「時間に伴ってDNAに変異が起こり、その頻度が変化すること」なのです。この〝時間〟は、〝世代〟と置き換えるほうがよいかもしれません。なぜなら頻度が変化するためには、必ず世代が交代していくからです。

「プロ野球選手などが「今シーズンは進化を遂げた」などといわれることがありますが、ヒトの一個体が腕前を上げただけで、世代は変わっていないので、この場合生物学的には進化というのは間違いです。現在、さまざまなところで進化という表現を使うようになってきましたが、もともとの生物学的な意味からは離れているものが多いです。私は「その使い方は間違ってますよ！」と野暮な指摘はしませんが、生物学の分野で進化を使う場合は、〝世代〟ということを忘れてはいけません。

偶然起きる変異

ゲノム上に起こる大部分の変異や個体間の多型の多くは、実は個体に何の影響も与えていません。その理由としては、変異が位置する場所が遺伝子と遺伝子のあいだや、遺伝子のなかでもタンパク質を変化させない座位であるためです。つまり、「変異があってもなくても何の影響もない」ということになります。そのような場合、頻度が変化するのは完全に〝偶然〟です。

ある世代では頻度が上がり、別の世代では頻度が下がり、ということが偶然だけで起きます。これを「遺伝的浮動」といいます。頻度が上がったり下がったり、ゆらゆらと変化していくことをうまく表した言葉だと思います。このような偶然によって起きる進化を「中立進化」といいます。

中立進化は集団の中の個体の多さ、言い換えると集団のサイズの影響を受けます。集団サイズが大きく、たとえば一万個体いる集団でCの頻度が五〇%、Tの頻度が五〇%だとすると、次の世代でも頻度は大きく変わらないと予想できます。しかし、たった四個体しかいない集団だったら、頻度が五〇%ずつだったとしても、偶然によって次の世代で大きく頻度が変わりそうだということは、直感的にわかるのではないでしょうか。このようにして、じつは変異の頻度の変化とゲノムの書き換えの大部分は偶然——中立進化——によって起きています。

それでは、偶然で起きない進化、つまり変異の頻度の変化とは何なのでしょうか。

二　自然選択はどのように起きるのか

進化は時間に伴う種内での変異の頻度の変化ですが、中立進化では、この頻度の変化の要因は「偶然」です。しかしこの頻度を、もう少し積極的に変化させる要因が二つあります。そのうちの一つが自然選択です。

自然選択は次の三つの条件が揃ったときに起こります。

1. 集団内に差がある
2. 集団内の差が適応度に関わる
3. この差が遺伝する

この三つの条件だけを見ても、具体的な生物を思い起こすことは難しいと思いますので、図を使いながら説明します。

集団内の差

集団内の差とは個体間の違いのことですが、これがないと自然選択は働きません。この集団内に差があるという条件は、ほとんどの生物に当てはまります。何か一つの生物を思い浮かべたときに、一個体一個体がクローンのようにすべて同じだということは、まずありません。大きさが違ったり、背の高さが違ったり、さまざまな違いを見つけることができると思います。ここでは図2-3に示した、〝キリンのような〟仮想の種を考えます。この種内の個体間で首

図２−３　自然選択の集団内の差

の長さや足の長さに違いがあったとすると、このような個体間の違いが集団内の差です。

適応度とは何か

次に集団内の差が適応度の差にどう関係しているかを説明するのですが、その前にまず、「適応度」とは何かの説明が必要です。適応度については、接合後隔離の外的要因の説明（第1章参照）で少し登場しており、そのときは「生き残りの度合い」という表現を使いました。

適応度を説明するときに、子の数が多い生き物を例にするとわかりやすいでしょう。多くの生物種は、親の世代と子の世代、孫の世代でそれほど個体数は変化していません。そこでたとえば、ある種のウミガメが世代が変わっても長年にわたって同じ個体数だけ海に生息している状況を考えて、メスが一生に一度しか産卵しないと仮定しましょう。このメスが砂浜に産卵して数か月後に二〇〇匹の子ガメが孵化《ふか》して、わらわらと砂の中から出てきました。これらの子ガメから、繁殖できる成体に成長するのは何匹でしょうか？　一匹？　二匹？　三匹？　何となくそれくらいを想像する方が多いのではないでしょうか。ここで重要になるのは「世代が変わっても集団の個体数が変化しない」ということです。メスは一生に一度しか産卵しないと仮定しました。すると、一匹のメス親から繁殖できる成体まで生き残る個体は一匹であり、メス親は砂浜近くの海中でオス親と交尾しているので、このオス親の子供で成体まで生き残る個体も一匹です。つまり、子ガメから成体まで生き残るのは二匹となります。これはあくまで平均の話なので、ある親からは一匹、別の親からは三匹とばらつきは出てきます。

オスとメスの親から二匹の子ガメが成体まで成長するということは、一匹の親から成体まで成長する子は一個体です。これが「適応度」となります。適応度とは「生物個体が次の世代に残した繁殖可能な子の数」と表されます。たとえば、適応度が1で、一個体が次世代に一個体の子を残すと、親の世代と子の世代で個体数は変わりません。適応度が2だと子の世代の個体数は親の世代の倍になり、集団の個体数が激増していきます。逆に適応度が0・72だったら、親の世代が一〇〇個体だと子の世代では七二個体に減少します。つまり個体数はどんどん減り、ある個体数まで減少すると種を維持できなくなり絶滅します。この説明から、適応度0・72の生物は絶滅に一直線に進んでいると感じますが、じつは現在の日本はこれに近い状況にあります。食物も豊富で、病気も治すことができ、捕食者もいない。このような理想的な環境で個体数が減少していることは不思議でなりません。

図2－4　適応度の差

ここまでの説明で、適応度について理解できたでしょうか。適応度が1より大きいと次の世代で個体数が増え、1より小さいと減少する。つまり適応度の値を、どれだけ生き残って次世代に子孫を残すかの指標にすることができます。それではさきほどの〝キリンのような〟生き物を例に、集団内の差が適応度の差にどうつながるかを図2－4で考えていきましょう。

ある草原に、個体間で首と足の長さに差がある〝キリンのような〟種が生息していました。普段は下草から低木の葉、高い木の葉までさまざまな植物を食べていますが、一年に一度か数年に一度、もしくはこの生物の生涯の中でたった一度の干ばつが訪れました。そのとき、下草は枯れ、低木の葉は食べ尽くされ、高い木の葉だけが残ったとすると、普段は同じ量の植物を食べることができた背の高い個体と背の低い個体のあいだで、食べる植物の量が変わります。つまり、背の低い個体は高い木の葉を食べられず、食物を得られなくなります。干ばつが一か月以上続いたら、背の低い個体は衰弱し、多くは餓死してしまうでしょう。そうすると背の高い個体と背の低い個体のあいだで生き残って残す子の個体数――次世代に成体まで成長する子の数――に差が出ます。次世代の繁殖可能な子の数が適応度なので、背の高い個体のほうが背の低い個体より適応度が高いということになります。もともと集団内に存在した、首と足の長さの違いによる背の高さの差が適応度の差になったわけです。

集団内の差の遺伝

それでは、集団内の差は設計図であるゲノムに書き込まれて遺伝するのでしょうか。たとえば、成長するときに食べ物が不足していると、成体での大きさが小さくなる場合があります。設計図のゲノムが同じであっても、生息する環境によって成体のサイズが異なっているわけです。この場合、サイズの異なる個体の子を同じ条件で成長させれば、成体でのサイズに差は出ませんので、サイズの違いは遺伝していないということになります。

これとは反対に、同じ生息場所に背の高い（首と足が長い）個体と背の低い（首と足が短い）個体がいて、背の低い個体の子が親と同じよう背が低ければ、首と足の短さは遺伝しているといえます。首と足の長さが遺伝するならば、干ばつを生き残った首と足の長い個体はたくさん子を残し、痩《や》せ衰えた首も足も短い個体はあまり子を残せません（図2－5）。すると繁殖可能な成体まで成長する個体数も、首と足の長い個体が多くなります。

図2－5　自然選択における集団内の差の遺伝

ここまでが自然選択の働く条件です。それでは、遺伝子頻度の変化に対して、自然選択はどのように働いているのでしょうか。

首と足の長さの集団内での違いは、食物不足のときに高い木の葉を食べられるかどうかに強く影響し、しかも首と足の長さは遺伝するという過程を説明しました。話を先に進めるために、ここでさらに仮定を加えます。首と足の長さの違いが、一つの遺伝子の一つの変異の影響だとしましょう。つまり、ある遺伝子のある位置にAを持っている（遺伝子型A）と首も足も短く、Gを持っている（遺伝子型G）とどちらも長くなるといった具合です。最初は集団内にAを五〇％、Gを五〇％持っており、首と足が長い個体と短い個体が半分ずついることになります。

ある年に干ばつが訪れました。首も足も長い個体は高い木の葉を食べられますが、背の低い個体のなかには餓死する個体も出てきます。その結果干ばつ後には、多くの食物を得た健康状態のよい背の高い個体の割合が多くなり、健康状態のよくない背の低い個体はあまり子を残せません。背の高い個体が多くの子を残すと、次の世代では背の高い個体の頻度が増加します。先の仮定から、背の高さは首と足の長さで決まり、それらは一つの変異によって決まっています。つまり、集団中の遺伝子型Aの頻度は下がり、遺伝子型Gの頻度が上がるわけですから、遺伝子型Gは適応度が高いことを意味します。これは、中立進化の「偶然」によって変わった頻度ではなく、干ばつのときの「適応度の差」によって変わった頻度です。このように適応度の違いで選択（遺伝子頻度の変化）を受けることが、「自然選択」なのです。この場合遺伝子型Gの頻度が上がっており、このように頻度を上げる選択を「正の選択」、遺伝子型Aのように頻度を下げる選択を「負の選択」といいます。

適応

このように、適応度が高い遺伝子型を集団の多くの個体が持つことを「適応」といいます。生物は多くの場合、生息する環境に適応した進化をしてきていますが、これは生息環境中で、より多く適応度の高い遺伝子型を持つように進化してきたことを意味します。そして適応とは自然選択の結果であるということができます。次に、自然選択や適応が実際にどのように起こったかを、最近起きた視覚の適応進化を例として紹介します。

水中に生息する生物も視覚をよく使って生きている種が多くいます。しかしじつは、水中に届いている光は陸上とは異なります。よく聞くのは、マダイの赤い色は、マダイが生息する深さでは見えないという例です。マダイを釣り上げてみると、きれいな赤い色をしていますが、

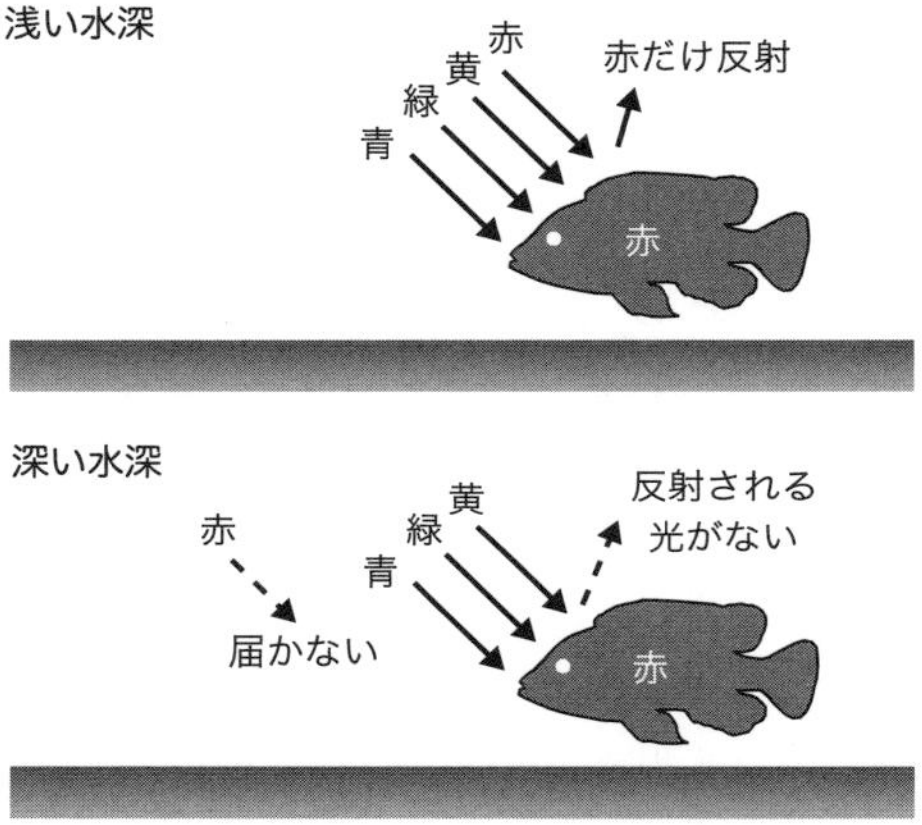

図２－６　深い水深では赤は赤く見えない

マダイが生息する深さ（約三〇メートル）には赤い光が届いていません。赤い色は、青、緑、黄、赤のすべての可視光域の波長を含んだ光（この場合白い光）のうち、赤だけ反射してほかの色の光を吸収するため、赤色として見ることができます（図２－６）。そのため赤い光がないと、たとえ体側が赤くても、ほかの青や緑を吸収するだけですので黒やグレーに見えます。つまり、赤い光が届いていない深さでは、マダイはグレーの魚に見えるわけです。

このように深さによって届く光の色（波長）は異なり、海や透明度の高い淡水の湖では、深くなると赤色の光が水に吸収され、青色の光が水の中の細かい粒子によって散乱されるので、青緑の波長が深い場所にも届きます。淡水の少し濁った湖ではこれとは異なり、深くなるにつれて黄色からオレンジの光が多くなります。水の中では届く波長が深さや透明度によって異なるため、水の中に生息する生物は、よりよく見えて生き残るように適応進化をしてきました。

物を見るしくみと視覚の適応

「物を見る」とは環境中の光情報を認識することです。ここでは脊椎動物を例として、どのように物を見ているかを説明します。光は眼に入りレンズで屈折して眼の奥にある網膜で吸収されます。網膜には視細胞と呼ばれる光を吸収する細胞が並んでおり、このなかにある視物質が実際に光を吸収（感知）します。吸収された光は神経信号に変換され脳に届き、物体として認識されます。視細胞には薄暗いところで物を見る桿体《かんたい》細胞と、明るいところで色を見る錐体《すいたい》細胞があります。桿体細胞と錐体細胞では異なる視物質を用いています。光を吸収する視物質には発色団（レチナール）と呼ばれるものがあり、何色を吸収するかはレチナールを取り囲むオプシンと呼ばれるタンパク質が決定します。たとえばヒトの場合、青、緑、赤の三色を見ることができますが、これはそれぞれ青、緑、赤を吸収する視物質が眼の中に存在するからです。つまり、青、緑、赤の視物質を構成する青オプシン、緑オプシン、赤オプシンが存在するため色を見分けることができます。さきほど説明した薄暗いところで物を見る桿体細胞には、専用の視物質が存在し、多くの陸上生物や浅い水中に生息する種は緑の光を感度よく吸収します。

ヒトでは色を見るための色覚に関わるオプシンが三種類、薄暗いところで物体を見る薄明視に関わるオプシンが一種類あり、明るいところでは青、緑、赤の色覚オプシンを持つ視物質が働き、薄暗いところでは薄明視の緑に感度のよい（色としては知覚しない）オプシンを持つ視物質が働いて物を見ています。このような視覚を持つヒトが深い海の中の光の環境に行ったらどうなるでしょうか？　まず、赤い光が届いていないので赤オプシンの視物質は働けません。次に青緑の光がおもに存在するので、緑に感度のよい薄明視オプシンの視物質も、その能力の数割しか発揮できないと考えられます。もし、赤オプシンを使わず薄明視オプシンが緑より短波長の青緑に感度がよかったらどうでしょう？　そのようなヒトがいたら、深い海の光の中で物体をよく見ることができて生き残る確率が高くなる、つまり適応的な視覚を持つと考えられます。残念ながら、ヒトでそのような視覚を持つ個体はいませんが、深い海や透明度の高い湖の深い水深には、青緑の光にもっとも感度が高い薄明視オプシンを持つ魚の種が知られています。深い海に棲《す》むシーラカンス、[4] バイカル湖の深い水深に生息するカジカの仲間、[5] タンガニイカ湖の深い水深に棲むシクリッドの仲間[6][7]などがそれにあたります。それぞれの生物は、まったく別の場所で薄明視オプシンの機能が同じように進化し、深い水深の光の環境に適応しました。とくにタンガニイカ湖のシクリッドの進化が面白いので、少しくわしく説明します。

先祖返りすることもある進化——透明度の高い湖での視覚の適応

薄明視オプシンの正式な名前は「RH1遺伝子」です。タンガニイカ湖は透明度の高い、最大水深一五〇〇メートルにもなる、世界で二番目に深い湖です。熱帯域の湖では表層付近しか水が対流しないため、二〇〇メートルより深い場所は酸素のない無酸素層となっていて、魚は生息していません。海であれば、沖合だとどこでも水深二〇〇メートルに達しますが、淡水でこの水深はあまり存在しません。この湖に生息する二五〇種にもおよぶシクリッドは、この湖で進化してきたと考えられている、この湖にしかいない固有の種です。そしてこれらの種は別々の単系統群に分かれており、浅い水深に生息する種を多く含む単系統群や深い水深に生息する種を多く含む単系統群がいます。単系統群とは、あるグループが遺伝的に近縁で、系統樹を構築するとそのグループのメンバーが過不足なく一つの枝より先に固まることをいいます。つまり、一つの祖先種から分化してきた種の集まりということです。

タンガニイカ湖のシクリッドの種を四つの単系統群から選んでRH1の配列を調べてみました[6]。その結果、浅い水深に生息する種ではRH1の二九二番目のアミノ酸がアラニンであり、深い水深の種の多くはこの位置のアミノ酸がセリンになっていました（図2-7）。タンガニイカ湖のシクリッドの祖先種は河川に生息していたと考えられます。そのため、もともと浅い水深に生息していた種の二九二番目はアラニンだと予想され、深い水深に生息する種が多い系統の共通祖先でセリンに進化したと推定されました（図2-7、A→S）。

詳細は第5章で述べますが、二九二番目がアラニンとセリンのRH1のタンパク質を産生して、発色団のレチナールと結合させて、その機能を調べました。すると、浅い水深の種が持つ

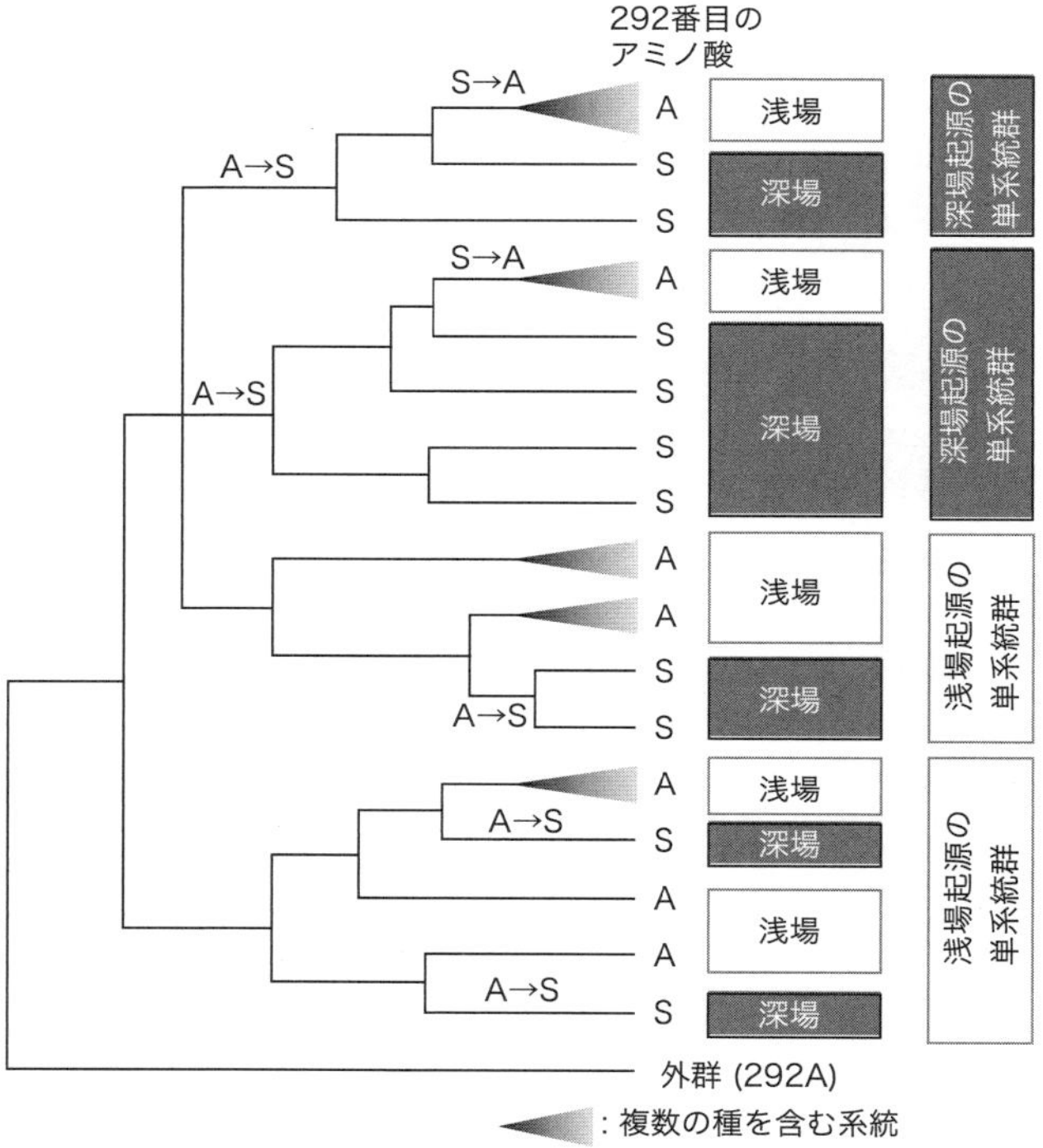

図 2-7　タンガニイカ湖のシクリッドで複数回起こった RH1 オプシンの適応　S → A: 292 番目のアミノ酸のセリンからアラニンへの置換。A → S: 292 番目のアミノ酸のアラニンからセリンへの置換。文献 6 を改変。

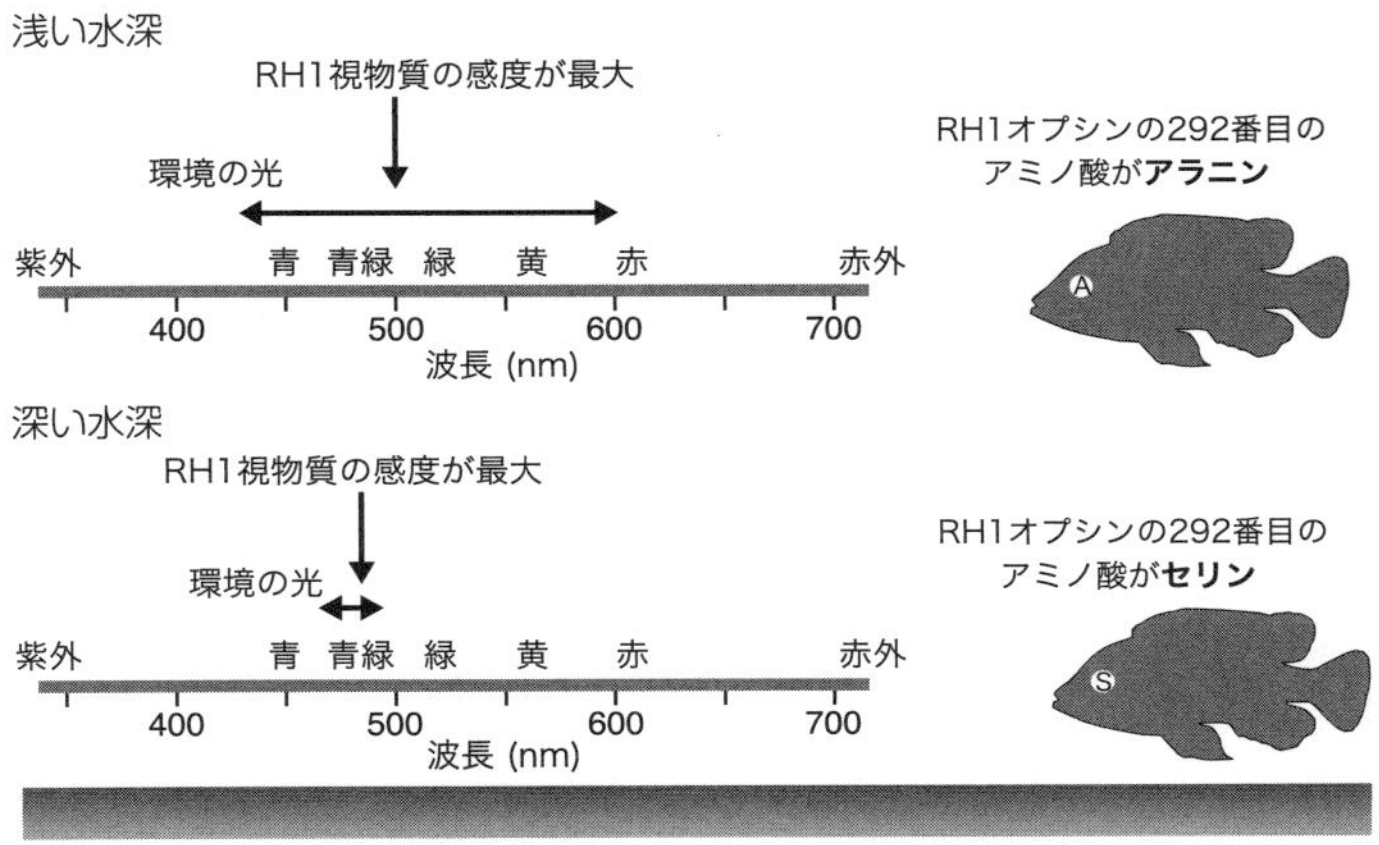

図2－8　タンガニイカ湖での RH1 オプシンの適応

二九二番目がアラニンのＲＨ１オプシン視物質は緑に感度がよく、深い水深の種が持つ二九二番目がセリンのＲＨ１オプシン視物質は青緑に感度がよいことがわかりました（図２－８）。これは、浅い水深から深い水深に適応したことを意味します。浅い水深の種が多い二つの単系統群でも少数の種が深い水深に生息しており、これらの種でもやはりＲＨ１の二九二番目はセリンに進化し、深い水深に適応していました。このように別々の系統で独立に同じ進化が起きることを「平行進化」といいます。

面白いことに深い水深の種の単系統群のなかに、ふたたび浅い水深で生息するようになった種がいます。これらの種では二九二番目がふたたびアラニンに進化していました（図２－７、Ｓ→Ａ）。つまり二九二番目は祖先種のアラニンから深い水深の種のセリンに進化し、一部の種は浅い水深に分布を戻し、またアラニンを持つようになったわけで、浅場→深場→浅場という進化に伴ってＲＨ１の二九二番目もアラニン→セリン→アラニンと適応的に進化してきたことになります。とくに面白いのは、一度セリンに進化したＲＨ１が生息環境とともに、また祖先型に戻ったことです。この適応でもＤＮＡに変異が入ったあとに自然選択により頻度が急速に変わり、適応が起きたと予想されます。つまり、自然選択の圧力――選択圧――が十分に強ければ、一度進化したアミノ酸が祖先型に戻ることも可能なのです。このような進化の過程を見ると、水中の光環境のなかで物体を見ることが生き残るためにとても重要だということがわかります。

少ない光を最大に活用する進化――透明度の低い湖での視覚の適応

タンガニイカ湖のシクリッドの視覚の適応は透明度の高い湖の中で起きましたが、透明度が低いと視覚は別の進化をします。アフリカの大地溝帯は大地が東西に裂けた割れ目であり、現在も裂け続けています。この大地の割れ目に水が溜まった湖がタンガニイカ湖とマラウイ湖で、割れ目にある湖なので水深が深いのです。またこの二つの湖の透明度は、きれいな海と同じくらい高いことが特徴です。

これとは別に大地の割れ目の底に水が溜まった湖が、ケニア、ウガンダ、タンザニアにまたがるヴィクトリア湖です。この湖はお盆に水を溜めたような形状をしているため水深が浅く、もっとも深い場所でも七〇メートル程度。透明度は低く水に濁りがあります。沿岸近くや湾内ほど透明度が低く、沖合や沖合の小島近くなどは比較的高くなっています。この低い透明度のために、水中の光環境はタンガニイカ湖と比べると大きく異なります。ヴィクトリア湖では水深が深くなるにつれて、黄色から赤へ、さらに赤い光が吸収されて黄色からオレンジへという光環境になっています。また、透明度が低いため光量自体が大きく減衰していきます。このような光の中に生息しているシクリッドの種の視覚は、どのように進化してきたのでしょうか？ 深い水深に生息する、当時は通称「メガロプス」（図2－9）と呼ばれている種を最初に見たときに、とても強い興味を持ちました。その名前が、「メガ」＝「大きい」、「ロプス」＝「眼」、つまり大きな眼を持った種だったからです。眼が大きいということは弱い光を効率的に集めていると予想されます。

図2－9 ヴィクトリア湖の深い水深のシクリッド 通称「メガロプス」。文献10より。

ヴィクトリア湖は全体の面積に対する砂地や泥地の底の割合が多い湖です。そのため砂泥地に生息する種について、水面近くからもっとも深い七〇メートルの深さまで、生息水深が異なる一〇種から単離したオプシン遺伝子を調べることにしました。シクリッドは七種類の色覚に関するオプシン遺伝子と一種類の薄明視を担うＲＨ１遺伝子を持っています。色覚のオプシンは七つ全部を使っているわけではなく、水中の光環境に合わせるように三つのオプシン遺伝子を組み合わせて使っています。たとえば透明度が高く水の中が短波長の光（紫外線から青、緑まで）が多いマラウイ湖にいる種の多くは、紫外線、青、緑のそれぞれの光に感受性の高いオプシン遺伝子を使っています[8]。ヴィクトリア湖の場合は、透明度が低いため水中では長波長の光（緑から黄色、赤）が多く、シクリッドの種は青緑、緑、赤色の光に感受性の高いオプシンを使っています[9]。そのため、まずはどのオプシンが適応に関わっているかを知るために、すべてのオプシンについて一〇種各二個体を調べてみました。その結果、薄明視のＲＨ１と色覚に関わり、緑から赤色に感受性が高い視物質のオプシン（ＬＷＳ遺伝子）の配列が、種間で大きく異なっていました。そこで調べる個体数を合計数百個体まで増やし、本当に種間で配列が異なるかを確認したあと、それぞれの配列から産生したタンパク質をレチナールと結合させて吸収波長測定による機能解析をしました（くわしくは第5章参照）。

　その結果、ＲＨ１の視物質では、浅い水深に生息する種の配列から深い水深の種の配列になるに伴って波長が長波長側（赤側）にシフトし、逆にＬＷＳの視物質では、浅い水深に生息する種の配列から深い水深の種の配列になるに伴って波長が短波長側（緑側）にシフトしていきました（図２－10）。

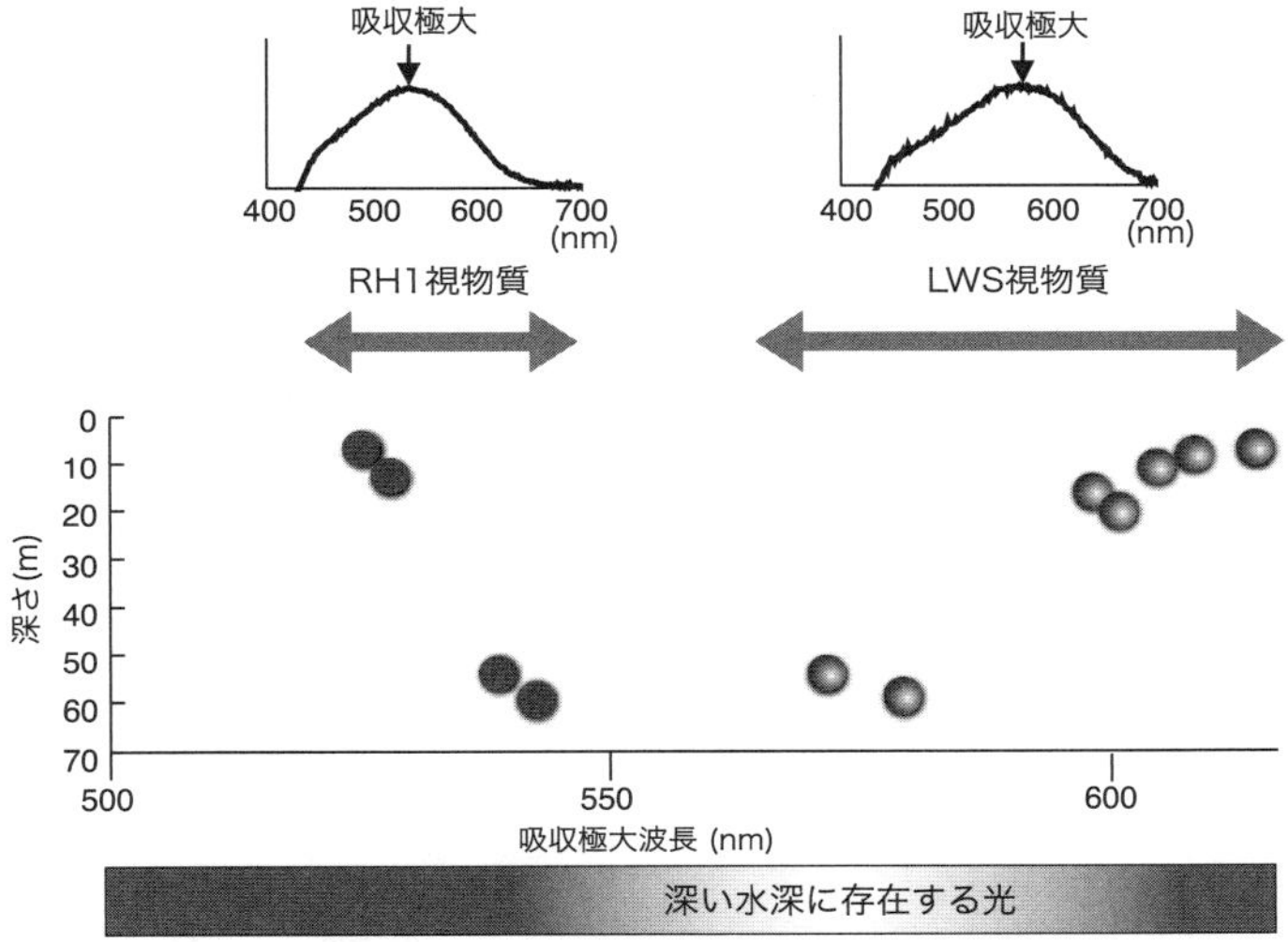

図 2－10　シクリッドの生息水深と RH1 視物質と LWS 視物質の吸収極大

これだけを見ると、二つのオプシンでなぜ機能が逆に進化するのだろう？　と考えてしまいますが、答えはヴィクトリア湖の深い水深でおもに存在する光の波長にあったのです。深い水深では黄色～オレンジの光が多く存在するため、緑に感度のよいRH1の視物質がより多くの光を吸収するには、長波長側に吸収する波長をシフトさせる必要があります。逆に赤に感度のよいLWSの視物質が深い場所での光をより多く吸収するには、短波長側に吸収する波長をシフトさせる必要があります（図2－10）。つまり、二つのオプシン遺伝子が、より多くの光を吸収するために水深に伴って機能を進化させてきたことがわかったのです。多くの光を吸収できれば、よりよく物体が見え、食物を採取しやすくなり、捕食者から逃れられ、生き残りに有利になると予想されます。つまり、この進化は水深に伴う光環境の変化に対する適応だと考えられるのです(10)。

ここまでで、生き残ることによる遺伝子頻度の変化——自然選択——と、自然選択の結果——適応——を説明してきました。しかし、生物の中には「こんな形質はなんで進化したの？」と首を傾げたくなるような不思議な形をした種がいます。このような生物を見ると「本当に適応しているの？」と思ってしまいます。そのような生物は、自然選択とは別の要因で進化してきたのかもしれません。

三　性選択

おさらいになりますが、進化とは時間に伴う種内での変異の頻度の変化のことでした。偶然による頻度の変化は中立進化、生物が生き残ることでの頻度の変化は自然選択であることを説明しました。次の進化の考え方は、生物がよりうまく繁殖することによる選択である「性選択」です。

性選択は次の三つの条件が揃ったときに起こります。

1. 集団内に差がある
2. 集団内の差が繁殖成功率に関わる
3. この差が遺伝する

この三つの条件は、自然選択とよく似ています。一つだけ違うのは適応度が「繁殖成功率」に置き換わったことです。

性選択の集団内の差

集団内の差は、自然選択の説明と同じく集団のなかでの個体間の違いになりますが、性選択の場合は、「繁殖に関わる形質の差」となります。繁殖に関わる形質……と聞いてもすぐにはピンとこないと思いますので、私が研究しているシクリッドを例に説明します。

ヴィクトリア湖のシクリッドは、オスが繁殖期にきれいな体色を呈します。このような繁殖のために呈する色を「婚姻色」と呼びます（口絵③）。オスが婚姻色を呈するのは、メスにアピールするためです。また、婚姻色はオスどうしの争いにも重要で、強いオスほどきれいな色を呈しています。争いに負けたオスはきれいな色を帯びず、メスのような体色となります。つまり、より色のきれいなオスは「オレは健康だし強いんだぞ！」といっているのと同じです。婚

図２－11　性選択の集団内の差

姻色はどの種でも同じではなく、種ごとに異なるので種判別にも用いられます。なぜこのような色の違いが進化するのかというと、メスが婚姻色を選択するからです。

このようなシクリッドの性質を念頭に、集団内での差を考えてみましょう。シクリッドでは選択する側がメス、選択される側がオスです。そこで図２－11のように、体色以外同じ形態のオスがいる集団を想定します。オスにはいくつかの色彩多型（体色のパターン）が存在し、半分は青、残りの半分は赤の体色をしているとします。この場合、形態には違いがないためメスの選択の手がかりにはならないものの、選択するメスには体色による好みがあります。この体色の差が重要なポイントです。

繁殖成功率の差

自然選択の説明では、生き残りの指標として適応度を紹介しましたが、性選択の場合は、うまく繁殖する指標として「繁殖成功率」を説明します。繁殖成功率とは、どれほど多くの配偶者を獲得するか、もしくはどれほど多く受精させせられるかのことです。シクリッドで青色のオスと同

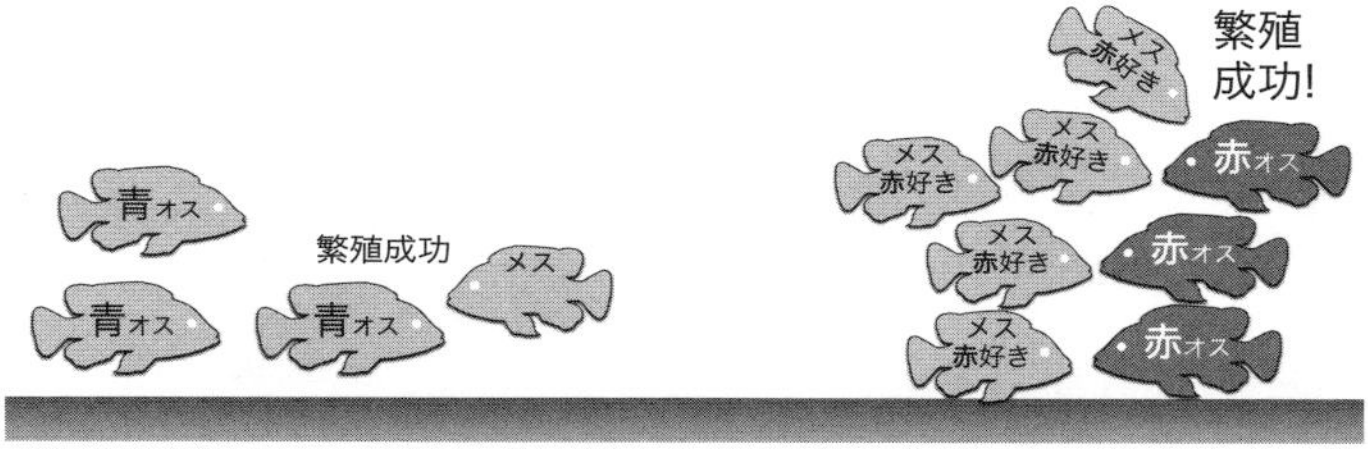

図2－12　繁殖成功率の差

種のメスは青色のオスを、赤色のオスと同種のメスは赤色のオスを交配相手として好むことは、第1章で紹介しました。このようにメスの好みに違いがあり、赤色のオスを好むメスが多く、残りの少数のメスは色による好みのない集団があるとします。この場合、青色のオスは少数の色の好みのないメスに選択され、赤色のオスは、大多数の赤色が好みのメスに選択されて、多くのメスと交配し多くの受精卵を残します（図2－12）。この例では、赤色のオスは青色のオスに比べて繁殖成功率が高いといえます。オスの色という集団内にあった違いが、直接的に繁殖成功率の差に効いています。

繁殖成功率を上げるための方法には大きく分けて二つあります。一つ目はわかりやすく、異性を魅惑することです。異性にとって魅力的であればあるほど多くの異性と交配し、繁殖成功率を高くすることができます。二つ目は同性を威嚇することです。ライバルよりも優位に立ち、繁殖させないようにすれば相対的に自身の繁殖成功率が上がります。このように繁殖成功率が異なれば、次

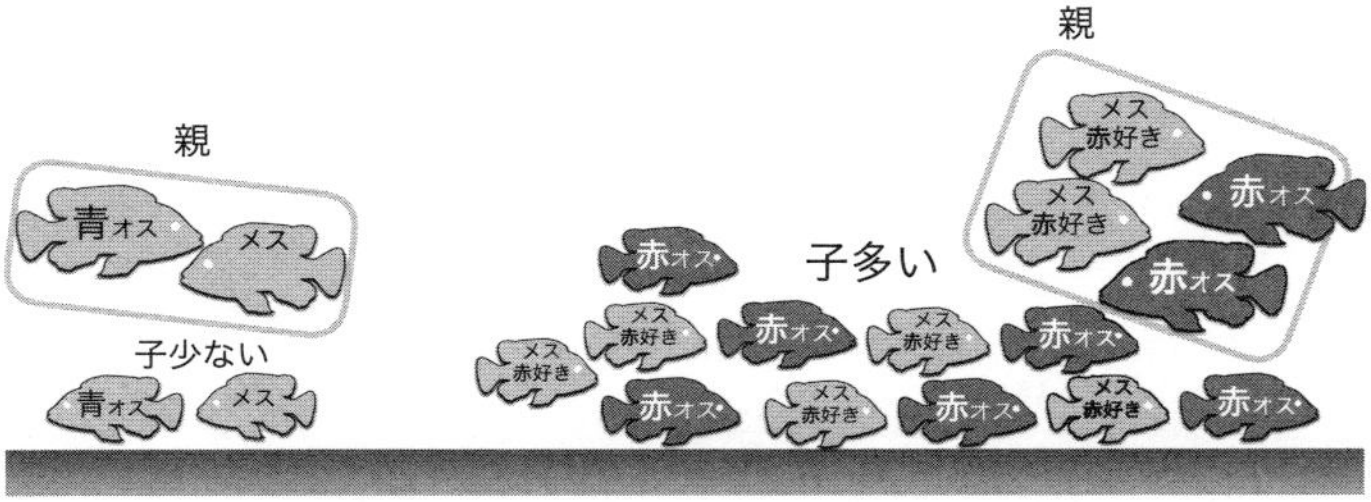

図2－13　性選択における集団内の差の遺伝

世代に残す子孫の数も変わってきます。すなわち、繁殖成功率が高ければ、多くの子孫を残せるのです。

性選択における集団内の差の遺伝

ところが、どんなに繁殖成功率の差があったとしても、その差に関わる形質が遺伝して、子の繁殖成功率が高くならなければ子孫の個体数は増えません。さきほどの例で、オスの体色が遺伝的に決まっており、青と赤の体色を形成する遺伝子型をそれぞれBとRとすると、最初の段階では、集団内にそれぞれのオスが同数いるため、それぞれの遺伝子型の頻度は五〇％となります。しかし、繁殖期のあとには、繁殖成功率の差によって子の数が変わります。その結果、次世代では、あまりメスに選ばれなかった遺伝子型Bの青いオスの個体数は頻度を下げ、遺伝子型Rは頻度を上げることになります（図2－13）。この頻度の変化は偶然起こったわけではなく、青と赤の体色という形質が関わって起きています。このように繁殖に関わる形質に繁殖成功率の差があり、それ

▲口絵①　タンガニイカ湖の湖面

◀口絵②　タンガニイカ湖の水中

◀口絵③　シクリッドの性的二型
右の個体が婚姻色を発色したオス、左下は婚姻色なしのオス、左上はメス。

▲口絵④　三宅島（左）と沖縄（右）のサンゴ礁

▲口絵⑤　沖縄のコユビミドリイシ（左）とその蛍光（右）

◀口絵⑥　マカクの顔
（左上から時計回りに）*M. maura*、*M. nigra*、*M. tonkeana*、*M. hecki*。

▼口絵⑦　アノールトカゲの喉の皮

によって遺伝子型の頻度が変化することが性選択なのです。

繁殖様式と性選択と親の投資

次に、繁殖をするうえで、自身の持つエネルギー（資源）を何に投資するかを考えます。たとえばさきほどの赤いオスで、ある個体は使える資源の半分を赤い体色の形成に、残りの半分を卵の保護に投資したとします。また別の個体は、使える資源のすべてを赤い体色の形成に投資したとします。どちらのほうが子をたくさん残せるでしょうか？　この答えには繁殖様式が関係します。

もし、この魚が一夫一婦制の繁殖様式であったなら、どんなに赤い体色に投資をして魅力的な色になったとしても配偶相手は一個体です。すごく魅力的な体色をうまく使いこなせないのではないでしょうか。それとは対照的に、体色と卵の保護に半分ずつ資源を投資すると、そこそこよい配偶相手を得られ、卵もそこそこ守ることができると考えられます。この場合、配偶相手を一個体以上に増やす必要がないので、オスどうしが争って配偶者を獲得しなくてもよく、同性を威嚇することにそれほど投資をしなくてもよいと予想されます。

それでは、繁殖様式が一夫一婦制と異なる場合はどうでしょうか。オスは複数のメスと交配でき、卵はメスだけが保育するので守る必要がなく、メスはメスだけの群れを形成して、気に入ったオスと交配し、その後は群れに帰るケースを考えてみます。このような場合、オスは卵の保護や子育てに投資する必要は一切なく、メスに魅力的で派手な赤い体色と、ほかのオスを威嚇する強さにだけ投資をすれば、もっとも繁殖成功率を上げることができると期待されます。

じつはヴィクトリア湖のシクリッドの繁殖様式は、この例によく当てはまります。ヴィクトリア湖のシクリッドは、すべての種が口内保育という様式で、稚魚がある程度成長するまで口の中で保護します。メスは産み落とした卵をすぐに口の中にくわえ、その直後、オスは尻ビレについた卵模様をメスに見せ、メスがその模様を卵だと間違えてくわえようとしたときに放精します。すると卵は口の中で受精し、メスは受精卵を、稚魚が孵化して卵黄がなくなり、独りで食物を食べられるサイズまで口の中で保護します。つまり、卵の保護と子育てはメスだけがしているのです。オスはメスと交配できればよいわけですから、体色の形成とほかのオスへの威嚇に多くの資源を割くことによって繁殖成功率を上げ、性選択によりこれらの形質に関わる遺伝子の変異の頻度が上がり、派手な婚姻色を呈した攻撃的なオスになると予想されます。この予想どおり、ヴィクトリア湖のシクリッドのオスは、派手な婚姻色を呈し、同種のオスに対して非常に攻撃的です。人間社会で、真っ赤なスーツを着た、ケンカばかりしている人の繁殖成功率が高いとは思えませんが、繁殖様式が異なれば繁殖成功率が変わるのです。

性選択によって派手な赤い婚姻色に進化したシクリッドの種は、ヴィクトリア湖にたくさんいます。長波長の黄色から赤い光が多いヴィクトリア湖の水中環境では、赤色は効率よく光を反射してよく目立ちます。ところがここで疑問が浮かびます。「それほど目立つ赤い色は、本当に適応的なのだろうか？」ということです。目立つということは同種へのアピールに効果的ですが、捕食者へも目立つ可能性が高いからです。シクリッドばかりでなく、よく目立つ婚姻色を呈する魚の種は多いですし、フウチョウのオスの飾り羽根などは目立つばかりでなく、飛行にも影響しそうな大きさをしています。捕食者に目立って、逃げにくくなってしまったら、生き残る可能性は下がるのではないか？　つまり、適応的ではないのでは？　とも考えられます。

しかしここには、性選択によって進化した形質の特徴があります。性選択では、同種の個体と競争して、いかに多くの相手と繁殖できるかが重要なポイントです。自然選択では、捕食者からの回避、環境からの影響下での食物の摂取など、さまざまな要因に対して、いかに生き残り子孫を残すかが重要なポイントとなります。生物の種は、外部からのさまざまな要因のなかで生き残りながら、同種の個体と競い合って子孫を残してきました。同種個体との熾烈《しれつ》な繁殖の競争の結果、一見適応的ではない形質が進化するのが性選択です。

性的二型

さきほどの赤いオスのシクリッドに話を戻します。この場合、繁殖におけるオスとメスの役割が異なります。メスは口内保育で子を育て、オスはメスに目立つことと同種のオスを攻撃することに全力をそそぎ、生まれた子を自分の子だと認識することもないと思われます。性選択により繁殖に関わる形質が進化すると、オスは攻撃的で派手、メスは隠蔽色（カムフラージュ）で地味な色になると予想され、ヴィクトリア湖のシクリッドではオスとメスに大きな色彩差があります（口絵③）。何の予備知識もなく同種のオスとメスを見ると「派手な色の種と、地味な色の種がいる」と思います。私は石垣島の市場に行ったときに、一緒に置いてあるのに模様が全然違う魚を見ました。そのときは「何で一緒にされているの？」と思いましたが、あとで調べてみるとオスとメスで体表模様が異なっていたのです。このようにオスとメスで形態が異なることを「性的二型」といいます。直接繁殖に関わる形質ではないのですが、オスとメスで形態が大きく異なる場合、その形態は性選択により進化し、性的二型となった可能性が高いのです。性的二型は多くの生物の種で見られます。たとえば、鳥の羽や色彩、ライオンのたてがみ、ゾウアザラシの体サイズなどがよく知られています。何かこのような性的二型が見られる生物がいたら、その繁殖様式を調べ、どのような形態に性選択が働いたかを考えてみるのも面白いですよ。

野外調査ファイル②

日本の亜熱帯と温帯のサンゴ～未知への挑戦～

これまでの私の研究は未知のことを知るための挑戦の連続でした。「研究はこれまで解明されていないことを明らかにするのだから、当たり前では？」と思われるかもしれませんが、これまでに自分が行ってきた研究の続きをするのであればあまり「挑戦」という感じがせず、自分ではまだ研究したことのない分野や対象の研究を始めると「挑戦している」と感じます。種分化の研究を開始した当初は、まさに「未知への挑戦」でした。

現在の私の未知への挑戦は、大学院生と一緒に進める研究です。ほとんどの大学院生は「これに興味があり、これを研究して学位をとりたい！」と明瞭な希望を持っています。「これ」が研究対象になる生物ですが、必ずしも私がくわしく知っている生物とは限りません。そうすると大学院生と一緒に挑戦することになります。

よく〝研究を指導する〟とか〝研究指導者〟という言葉を聞きます。私の場合は一緒に研究を進めるだけであって、指導するという感じではありません。すでに決まった研究の流れがあるのなら、それも可能なのかもしれませんが、未知に挑戦するために大学院生と一緒に知恵を絞り、結果を見ながら日々進め方の修正をしています。このコラムでは、サンゴの蛍光タンパク質に関する研究を紹介していますが、これは一緒に研究をした大学院生の興味からスタートしました。私も視覚の適応の研究で生物の光利用には興味がありましたので、サンゴの蛍光タンパク質の役割を調べるための研究計画を、大学院生と一緒に立てることにしました。

野外調査の準備

研究は、まずは実物を見てサンプルの採集を行うことから始まりますが、勝手にどこかに行って生物の調査をすることはできません。たとえば今回の研究では事前に、

・琉球大学の瀬底研究施設の共同研究者への連絡と挨拶
・サンゴを少量採取するために特別採捕許可の申請
・国立公園内での調査許可の申請
・三宅島漁協への挨拶

など、これからの研究でお世話になる方々への挨拶、事務的な手続きが必要です。手続きを行いながら考えなければならないのが、調査に必要な機器のことです。今回の研究で最低限考えなければならないのは、サンゴの蛍光を測定することでした。

サンゴの蛍光は蛍光タンパク質によって放射されており、このタンパク質はある波長の光を

吸収するとそれよりエネルギーの低い長波長側の光を放射します。もう少し簡単に説明すると、青い光を吸収して放射された緑色の光や、緑色の光を吸収して放射された赤い光が蛍光です。蛍光の測定には、私が持っていた二五メートルの光ファイバーケーブルを海の中に入れてサンゴに当て、船の上でノート型パソコンに接続した分光光度計を使って測定する方法を考えました。サンゴが生育している深さは一番深くても二〇メートルくらいですから、光ファイバーケーブルには五メートルの余裕があります。

いざ測定へ～三宅島編～

最初に向かったのは、世界で最北端のサンゴの群集がある伊豆諸島の三宅島でした。温帯域である三宅島のサンゴ礁は、亜熱帯の沖縄のサンゴ礁と比べると華やかさはありませんが、深い森のような印象を受けます（口絵④）。三宅島は外洋に面しているため、波が穏やかな日にしか測定できません。そのため三宅島でダイビングショップを経営する野田博之さんの協力を仰ぎ、次の日に波が穏やかそうなら連絡をいただき、その日の夜のフェリーで三宅島に向かい、早朝の到着後に測定をする手筈で調査を行いました。三宅島のサンゴ礁へは漁船でいきます（図C－4左）。

陸の上で立てた調査計画をいざ実行してみると、船は波で揺れ、海流で流され、そのため二

図C－4　漁船で三宅島に向かいサンゴ礁を測定する

五メートルの光ファイバーケーブルでは短すぎて、測定は困難をきわめました。私は子供のころ、徳島県の日和佐海岸で台風のあとに遊覧船に乗り、最後には気絶するくらいのひどい船酔いになったことがあります。それがトラウマとなって海で船に乗るのを避けていたのですが、このときばかりは弱音を吐くわけにもいかず、強い酔い止めを飲んで船に乗りました。揺れる海上でパソコンの画面を見つめて細かい操作をしていると、尋常ではないほど気分が悪くなってきます。それでも測定中は何とかそれを抑え込んでいたのですが、測定後は過呼吸で手足が痺《しび》れてくるほどの船酔いになりました。それでもこの経験でトラウマは薄れ、多少の揺れでは船酔いにならない程度の自信はつきましたが、船の上での細かいパソコン作業はお勧めしません。

　次に考えたのがバッテリー付きのポータブルの分光光度計での測定です。ポータブルの分光光度計は、海水につければ一発で壊れます。そのために、水中で写真撮影をする際にカメラの防水カバー（ハウジング）をつくる会社に依頼して、六〇メートル防水の特注カバーを作製しました。先の説明のように、蛍光は特定の波長の光を当てると放射されます。そのために特定の波長の光の光源となるLEDライトにも防水のカバーを作製しました。さらに蛍光を測定する箇所を覆って暗くするカバーも作製しました。これでとりあえずは測定できるはずです。実際、水槽内では蛍光が測定できました。

この新兵器に手応えを感じて三宅島に乗り込み、今回は深いところから浅いところへ移動しながら測定することにしました。スキューバダイビングの経験がそれほど多くない私には、波のある三宅島の外洋で、いきなり二〇メートルも潜水するのは怖さがありましたが、このときも弱音を吐くわけにもいかず、緊張してエアの消費量が多くなっているのがわかってはいても落ち着けないまま潜水し、測定を始めました。波があるため、海中では前後左右に揺さぶられますが岩にしがみつき測定を続けます（図C－4右）。

サンゴの蛍光を理解して二〇メートルの海中に潜ると、それまで気がつかなかったことが見えてきました。この深さの海中には青い光が多く届き、少し暗い青い世界が広がります。青い光が多いため、岩も砂も青く見えます。しかし、サンゴだけは緑色に見えます。おもに存在する青の光を反射して青く見えるはずが、緑に見えるのは、青い光を吸収して蛍光として緑色の光を放射しているためです。この経験から、サンゴがサンゴ礁の中の光を蛍光によって変化させているのではないかという着想を得ました。このことを実証することはまだできていません

図C－5　海岸から調査に行く沖縄・瀬底島での測定の様子

が、サンゴの蛍光がサンゴ礁の生物の色の多様性に何か貢献をしているのではないかと考えています。

いざ測定へ～沖縄編～

サンゴの蛍光の測定は、沖縄・瀬底島の浅い海でも行いました（図C－5）。三宅島で活躍した機器を用いて沖縄の強い日差しのもとで測定し、その後に解析をしていると、強すぎる日光が測定の邪魔をすることがわかりました。ならば大きな日傘をさしながら測定するか、夜中に測定すればその問題を解決できます。相談の結果、夜中に測定することにしたのですが、この選択は大正解。サンゴの蛍光をきれいに測定できるようになりました。しかし、瀬底島の宿の人には、夜中に大きな機材を持って出かけていく怪しい人だと思われていたかもしれません。

この年はウミヘビ調査（こちらは別の大学院生との研究です）もあり何度も沖縄に行きましたが、この調査も夜間に行っていたので、あまり昼間のまぶしい海に行くことはありませんでした。また、沖縄は暑いイメージがありますが、冬の測定では一六℃くらいまで気温が下がります。そのため、真冬の三宅島（雪が降ります）での測定ほどではありませんが、寒いのでウェットスーツは必需品です。

サンゴの蛍光の研究を始めてから、国立情報学研究所の佐藤いまり博士とゼン（Zheng Yinqiang）博士が、物体に光を当てたときに放射する光を反射光と蛍光に分離する処理方法を開発されたことを知りました。そこでお二方と、野生のサンゴの蛍光を分離して写真のようなイメージとして撮像する共同研究を開始しました。この方法では光源が特殊なので、その準備から始め、モバイルバッテリーを用いて野外でも使用できるようにしました。ところが、野外調査の前に機器を宅配便で発送しようとしたところ、バッテリーは航空便でも船便でも安全上発送できないことが判明。一六キログラムあるレンタルモバイルバッテリーを沖縄で調達し、海まで運んで夜間の測定に用いることとなりました。光源装置は雨や波しぶきで濡れないように〝樽〟と呼んでいた漬物用の容器に入れ、直視できないほどの強い光を細い光ファイバーケーブルに取り込み、二五メートル先の先端から照らして光源の光として用いて測定を行います。このときも野外で使ってみては改良を加えてまた使う、ということの繰り返しで測定できるところまで行き着きました（口絵⑤）。

サンゴの蛍光タンパク質の研究では、蛍光の測定のための野外調査ばかりでなく、屋内での実験でも多くの工夫を取り入れることで、着実に成果を上げることができました[11]。しかし未知への挑戦では、挑戦しては失敗することの繰り返しです。また、成果を出して論文を書いて投稿しても、新参者であるために、その生き物を何十年と研究してきたベテランから厳しい意見をもらうことにもなります。そのような大変さはありますが、それがなければ新しい研究を始めることはできません。これからも未知への挑戦は続きます。

第３章

地理的な分断が引き起こす種分化

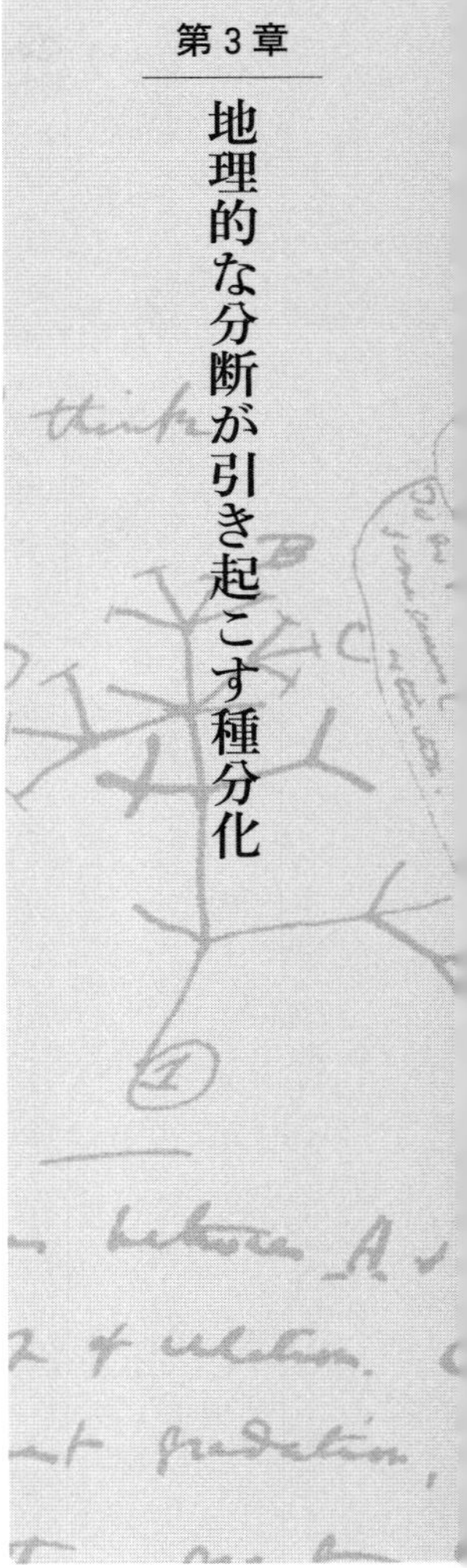

ここまでの章で、種の概念、生殖的隔離、自然選択、性選択を説明しました。これでようやく準備が整ったので、この本のメインテーマである「種分化」の説明を始められます。種分化が何を指すのかということと、その重要性についてはすでに説明しましたが、ごく簡単にいってしまうと「一つの種が二つの種に分かれる過程」であり、もう少し丁寧にいうと「二つの種の遺伝的交流がなくなる過程」です。遺伝的交流とは、二つの種が交雑してゲノムが混ざることであり、交配しない（できない）ことが生殖的隔離だったので、「二つの種のあいだの生殖的隔離が成立する過程」ということもできます。

それでは、種分化は実際にどのようにして起こるのでしょうか？　最初は一つの種、一つの集団だった生き物が二つに分かれるのですから、種分化が起こり始める状態が重要だと予想できそうです。また種分化は「二つの種の遺伝的交流がなくなる過程」ですので、最初の状態を、

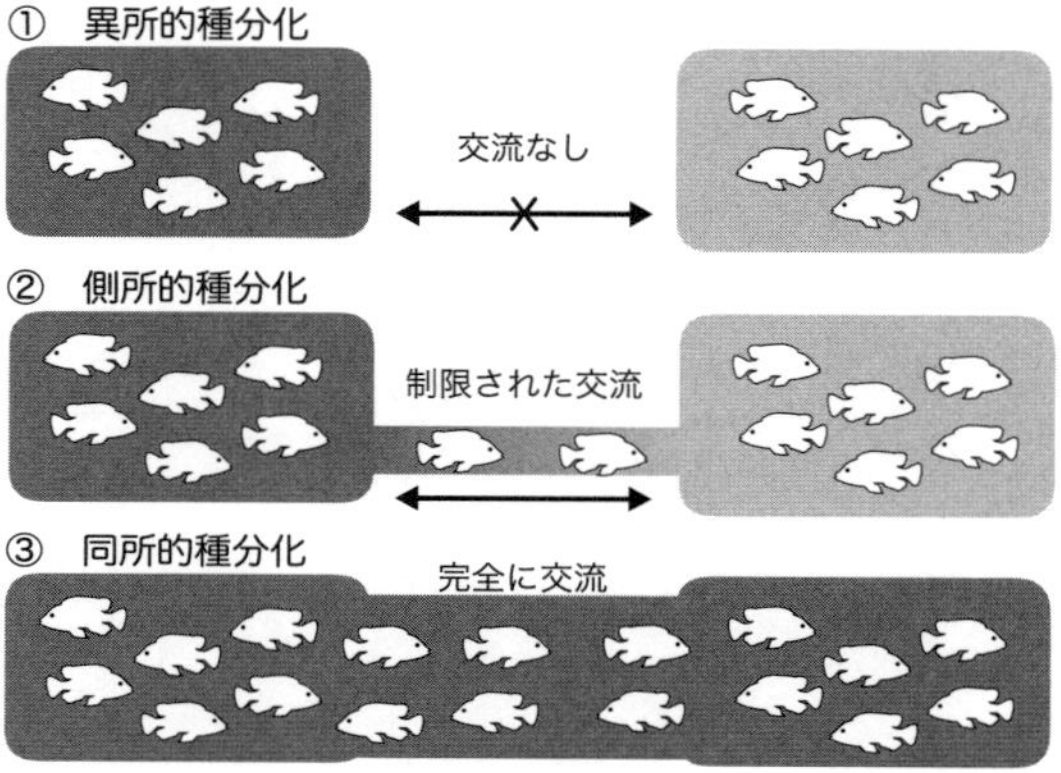

図３−１　種分化の三つのモデル

遺伝的交流が、①まったくない、②少しだけある、③完全に交流がある、と三つの場合に分けて考えられます。この①〜③のそれぞれを、以下に示す種分化のモデルで簡単に説明します（図３−１）。

①異所的種分化
②側所的種分化
③同所的種分化

繰り返しになりますが、これらのモデルは遺伝的交流の程度から分けられています。「所」の文字があるため場所で分けられているように感じますが、そうではありません。

異所的種分化は、完全に物理的に隔てられた集団から起こる種分化です。この場合、分けられてしまった二つの集団の個体は互いに出会うことがなく、遺伝的交流のない集団がそれぞれ独自に進化していきます。その後、物理的な障壁がなくなり二次的接触があっても、ふたたび交配することはなく生殖的隔離が成立します。

側所的種分化は、二つの集団が、ある程度制限された遺伝的交流のある状態から起こる種分化です。それぞれの集団間で個体の交流は少しはありますが、完全に行き来しているわけではありません。それらの集団のあいだの遺伝的交流が徐々になくなり、生殖的隔離が成立します。同所的種分化は、どの個体も自由に相手を選び交配をしている（任意交配）、一つの集団から起こる種分化です。初めの集団の中で個体は自由に交配を行っていますが、それが徐々に遺伝的交流のない二つの集団に分化します。

これら三つの種分化のモデルのうち、異所的種分化と、側所的種分化、同所的種分化の二つは性格が大きく異なりますので、章を分けて説明します。この章では異所的種分化を取り上げます。

一　物理的に隔離された種の進化

先の説明のとおり、異所的種分化では、ある集団が物理的に隔離され二つの集団になります。この二つの集団の大きさによって、異所的種分化を二つのタイプに分けることができます（図

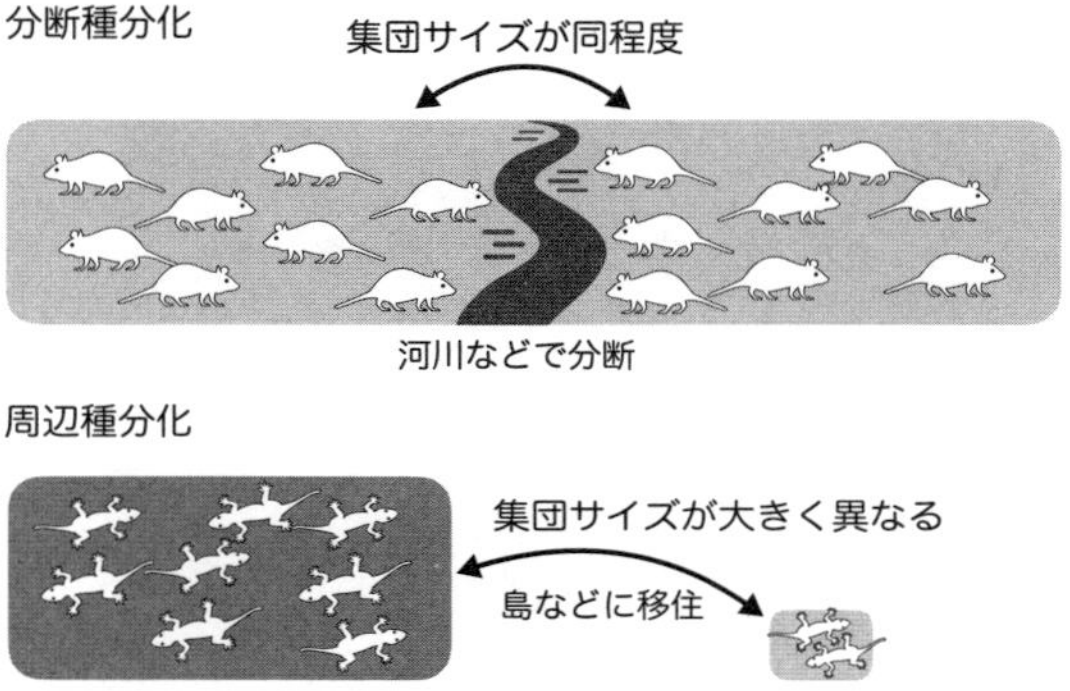

図３－２　異所的種分化の二つのタイプ

３－２）。

一つめのタイプは、集団が物理的に二つの同じくらいの大きさの集団に隔離され種分化が起こる過程で、「分断種分化」といいます。文字どおり、一つの集団を分断して起きる種分化です。たとえば一つの大陸に分布する種が大陸の分裂により二つの集団に分断されることや、平原に生息する種が新たに形成された河川によって分断されることがこれにあたります。ほかにも気候の変動による氷河の形成や山脈の隆起による分断、海底が隆起し地峡が形成されることによる海の分断などがあります。物理的に何かが起こらなくても、連続して分布する一つの集団の中間に位置する個体がいなくなり、分布が二つに分かれることによっても分断は起きます。

もう一つのタイプは、ある集団が物理的に二つの集団に隔離され、片方の集団の大きさがきわめて小さい場合です。このように二つの集団の大きさが極端に違う種分化を「周辺種分化」といいます。文字どおり、一つの大きな集団の周辺で起こる種分化です。少数の個体が大海の島に移住し、新しく集団を形成することや、分布の末端の集団が気候や地質の変動で生じた河川や山脈により物理的に隔離される場合がこれにあたります。

分断種分化と周辺種分化の違いは分断された集団の大きさだけですので、中立進化の項で説明した遺伝的浮動の影響が違います。つまり、周辺種分化では、片方の集団が小さい場合が多いのですが、集団の大きさが小さいと遺伝的浮動の影響が大きくなり、偶然により遺伝子頻度の変化が起きやすくなります。ここまでの説明で、なんとなく山脈や河川、氷河などが集団を分けることがイメージできたと思いますので、次に実際に起こってきた異所的種分化の例を説明します。

地質学的な変動が要因となった種分化

分断種分化は古典的な種分化の機構として、もっともよく取り上げられてきました。そして近年ではDNAの塩基配列を用いた「分子系統解析」、また時間とともにDNAに変異が蓄積することを利用した「分子時計」の発達により、進化の過程を詳細に推定できるようになりました。この過程と地質学的な年代を組み合わせることにより、分断種分化により生じたと考えられる多くの種が明らかになってきています。

ある一つの集団が河川の形成や山脈の隆起により物理的に分断され、分断された二つの集団間を個体が行き来することができなくなって二つの種が生じた場合を考えてみましょう。それら二種の分岐年代は河川の形成や山脈の隆起の地質学的年代と一致するはずです。分子系統解析と分子時計を用いると、分断種分化により生じたと推定される二種のあいだの分岐年代を明らかにすることが可能です。

地球規模の地理的な隔離の例として哺乳類の系統（単系統群）の進化があります。地球上には多くの哺乳類が生息していますが、それらはどのようにして進化してきたのでしょうか？さまざまな哺乳類の種を用いた分子系統解析が行われ、その結果から進化の過程がわかってきました。ゾウ、ツチブタ、ハイラックスなどを含むアフリカ獣類はアフリカ大陸が他の大陸から隔離されていたときに、アフリカ大陸で独自の進化を遂げてきたことが明らかになっています。それとは別にアルマジロやアリクイを含む貧歯類は南米大陸で独自に進化し、ネズミ、イヌ、ヒトなどを含む北方獣類はローラシア大陸（現在の北アメリカ、ユーラシアになったとされる超大陸）で進化してきたことも明らかになっています。そして面白いことに、これら三つの系統の分岐年代は、アフリカ、南米、ローラシア大陸が分裂した年代と一致しています[12]。つまり、これらの系統の祖先種（小動物だったと推定されます）がすべての大陸がつながった大きな大陸に分布していたときに、大陸が分裂し、分断種分化を起こしたと推定できます。系統の分岐が地質学的な変動によって起こったと推定される例はほかにも知られていますが、多くの場合は、分岐年代が古いために実際にどのような種が分断種分化によって生じてきたかを調べるのは困難です。そのため、比較的最近に起こった地質学的変動により分断された種の組み合わせを用いることが、分断種分化の研究に適しています。

パナマ地峡とテッポウエビ

北米大陸と南米大陸は、もともと陸続きではありませんでした。しかし、およそ三五〇万〜三〇〇万年前に、海底の隆起によってパナマ地峡が出現したことにより、北米大陸と南米大陸は陸続きとなりました。この地峡により、それまでつながっていた太平洋とカリブ海が分断され、海に生息する生物は交流ができなくなったと考えられています。このパナマ地峡により分断されたと考えられる生物にテッポウエビがおり、このエビの研究が分断種分化の例としてよく知られています。

パナマ地峡を挟んで生息する別々の種類のテッポウエビを形態的に比べると、類似した七つのペアに分けられ（図3-3）、さらにDNAの分子系統解析により、これらのペアはそれぞれ遺伝的にも近縁であることが明らかになっています（図3-4）。これらのペアのうち四ペアは、分岐年代がパナマ地峡の隆起と一致していたことから、海が分断されて生じたと推定さ

図3－3　パナマ地峡を挟んだ7ペアのテッポウエビの種　テッポウエビの色と分布は実際とは異なる。

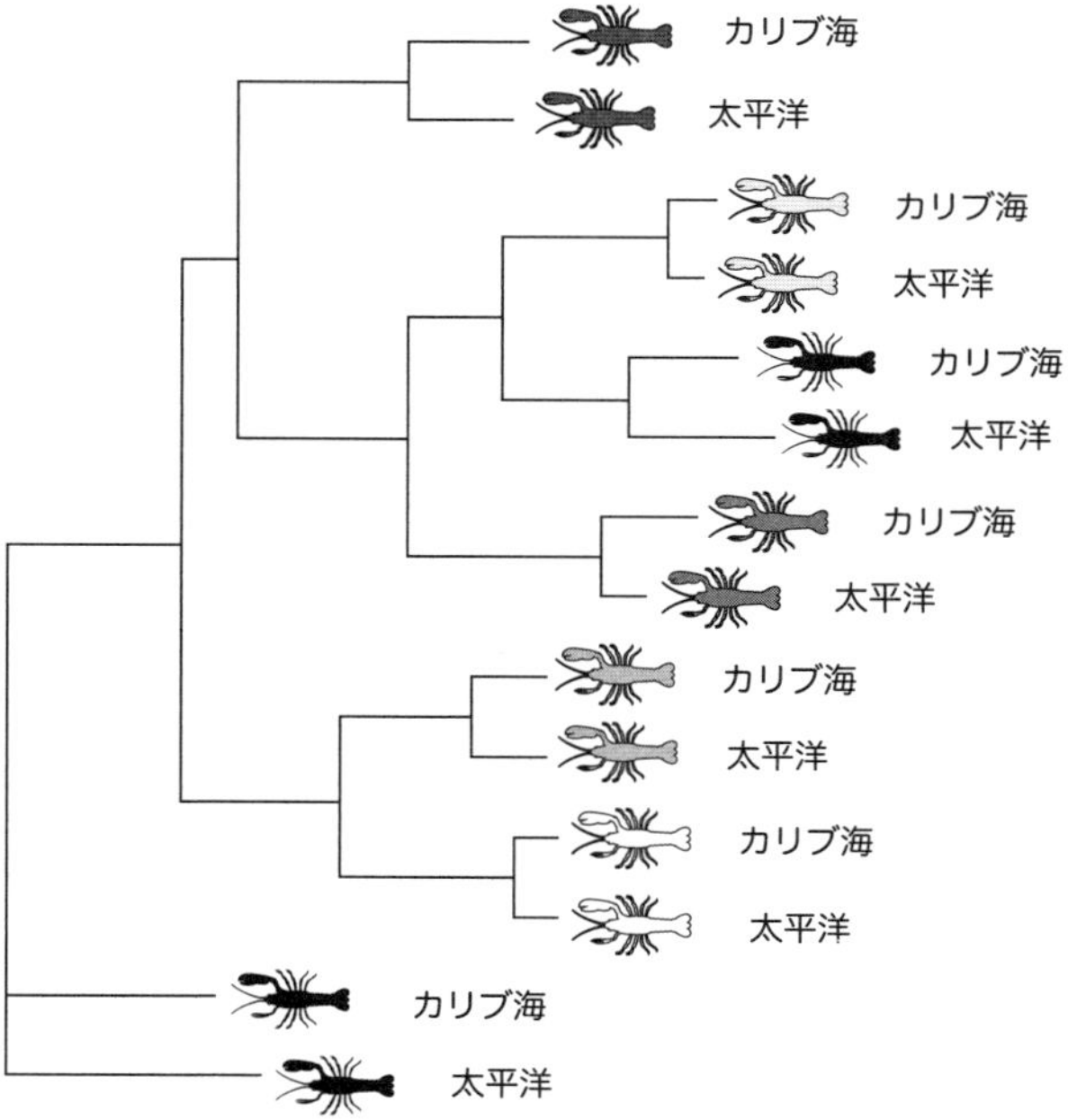

図3－4　7ペアのテッポウエビの系統関係　それぞれの種のペアが海の分断で計7回分岐した。テッポウエビの色は実際とは異なる。文献3を改変。

れました。しかし、残りの三ペアの分岐年代はパナマ地峡の隆起より古いことが示され、地峡が完全に隆起する前から分岐していたと考えられます。海がつながっていたのなら、これら三ペアの分岐は地峡の形成とは関係ないのでは、と考えるところですが、じつは先の四ペアとあとの三ペアでは生息水深が異なりました。あとの三ペアの種は比較的深い水深に生息し、幼生が浅い海を避けることから、パナマ地峡が隆起する前の浅瀬になった状態で、すでに分断されたのではないかと推定されています(3)。

このパナマ地峡によって分断された七つのペアの種は、地峡で分断されて以来、それぞれの個体が出会ったことはありません。そのため、もし地峡が消失したら、これらの種は交雑してそれぞれのペアがそれぞれ一つの種に戻ってしまうのか、それとも別々の種のまま存続するのかはわかりません。これらのペアがすでに生殖的隔離にあるのかどうかを検証する実験については、第1章で紹介したとおりです。繰り返しになりますが、これらの種のペアはすでに接合後隔離を起こしていました。このことから、パナマ地峡両岸に生息するテッポウエビの種のペアは分断種分化を起こし、三〇〇万年程度で接合後隔離を成立させたということになります(3)。

これらテッポウエビのペアで接合後隔離が成立しているということは、接合後隔離に関わる変異がゲノムDNAの中にあり、カリブ海側の種の個体はすべてが変異を持っていて、太平洋側の種の個体はすべて変異を持っていないと考えられます(逆もいえます)。つまりそれぞれ

図3－5　周辺種分化の特徴　片方の集団サイズが極端に小さい。

の種で、変異を持っている個体と持っていない個体の頻度は一〇〇％になっており、そのような変異が、直接的に接合後隔離に関わったと予想されます。なぜなら、もしこの頻度が五〇％ずつだったなら、半分の個体は幼生が多くなり、半分の個体は幼生が少ないと予想できるからです。地峡を挟んだペアで幼生が生まれてこない原因が何であるかを明らかにすると、分断種分化をもっと深く理解できることでしょう。

固有種はなぜできるのか

先述のとおり、分断種分化と周辺種分化の違いは集団の大きさです。周辺種分化では地理的に隔離された片方の集団の大きさが小さく、その例としてこれまで海洋の孤島や河川から離れた池などが研究の対象とされてきました。海洋の孤島などで新しい集団を形成するためには、大陸などから個体が移住してくる必要があります（図3－5）。そしてその移住は頻繁に起こるわけではありません。もし頻繁に移住できるのなら、それは集団のあいだで行き来していることと同じですから、地理的に隔離されていないことになります。そのため移住はきわめて稀であり、その後の大陸集団との行き来がないことで、遺伝的交流のない小さな集団が地理的に隔離されます。

移住の場合は少数の個体、極端な例では一ペアのオスとメスだけから集団を形成することが想定されます。そのため、最初に移住してきた集団の元となった移住者が持つ変異と、集団のサイズが小さく遺伝的浮動による遺伝子頻度の変化の影響が大きくなり、偶然による進化――中立進化――の影響が大きくなるのです。さらに、島や新しい池といったそれまでの生息域と異なる環境で新たに集団を形成するので、新しい環境への適応のために、変異に強い自然選択がかかることが予想されます。実際に海洋の孤島では、その島にしかいない固有種が見られることが多く報告されています。ガラパゴス諸島に生息するカラパゴスゾウガメやガラパゴスフィンチ、ウミイグアナなどは固有種の有名な例です。

ガラパゴスだけが特殊な例というわけではなく、たとえば日本の小笠原諸島も本土から遠く離れており、多くの固有種が生息しています。とくにカタツムリの仲間のカタマイマイは、形態、生態、分子系統学的によく研究が行われており、その祖先種が日本の本土から移住し小笠原諸島で大きな形態変化を伴う進化を遂げてきたことが明らかになっています[13]。これらのことから、移住とその後の地理的隔離は、新しい環境に適応した新しい種を誕生させた、つまり周辺種分化を起こしてきたと考えられます。

ハワイのハエとボトルネック効果

もう一つ周辺種分化の具体的な研究例を紹介します。日本でも観光地として有名なハワイ諸島は、複数の島から形成されていますが、面白いことにそれぞれの島の形成年代は異なっています。私は五歳のときに一度だけハワイに行っていますが、そのときは海でつかまえた生き物（オウギガニなど）にばかり興味を惹かれ、そこにいる小さなハエの面白さには気づきませんでした。そのハエとはハワイ諸島で種分化をしたハワイショウジョウバエの仲間です。ハワイ諸島には四〇〇種もの島固有のショウジョウバエが生息しており、これらの種は一つの祖先種から分岐してきたと推定されています。

ハワイの島々は海底火山の噴火によって形成され、プレート運動によりその位置が西に少しずつ移動しています。つまり東側の島ほど古く、西側の島ほど新しいことが知られています。これらの島に生息するショウジョウバエの多くの種のミトコンドリアDNA（細胞のなかに多く存在するミトコンドリアにあるDNA。母親由来の母系遺伝で受け継がれる）を解析し系統関係を調べたところ、種の分岐順序が島の形成順序と合致しました[14]。つまり、古くに形成された島に生息する種ほど分岐が古かったのです。これにより、新しい島が形成されたあとに古い島からショウジョウバエの個体が移住し、新しい種に分化してきたことが明らかになりました。

このように周辺種分化が繰り返されたことが、ハワイショウジョウバエがハワイ諸島で多様化した一つの要因であると考えられます。ショウジョウバエの種が分岐した直接の原因は移住と地理的隔離であるとしても、分岐のあとに異なる種が形成された要因は何だったのでしょうか？　ハワイのショウジョウバエの種は、それぞれの種が生息している環境に生態的に適応していることから、自然選択によって新しい種が形成されたと予想されます。また繁殖行動や繁殖形質の分化といった交配前隔離が報告されていることから、性選択も重要な役割を果たしてきたと推測されます(15)。

周辺種分化では一つの集団のサイズが小さいことはすでに述べましたが、移住の際はさらに個体数が極端に少ないと考えられます。移住した個体数が少なければ遺伝的多様性（いろいろな変異の組み合わせ）は小さくなり、最初の少数個体が個体数を増やして、新しい集団を形成すれば遺伝的多様性の低い集団ができあがります。このように小さい集団サイズで遺伝的多様性が小さくなることを「ボトルネック（瓶首）効果」といいます。ビンから液体を出すときに、細くなったビンの入り口（瓶首）のところで液体の通る量が制限されて少なくなることになった名前だと思いますが、うまいネーミングです。このように集団のサイズが小さくなったとき、遺伝的浮動の影響が大きくなり、偶然によって遺伝子頻度が大きく変わりやすくなります。そのような頻度変化がどのように影響したかはわかりませんが、偶然の影響——中立進化——による何らかの寄与も考えられます。

二　再会した二つの種の接触

ここまで、物理的な障壁により集団が分かれて、その初期状態から始まる種分化を説明してきましたが、種分化が進んだあとに、障壁がなくなったらどうなるでしょうか？　序章で述べたとおり、物理的な障壁がなくなり、ふたたび二つの集団が接触することを二次的接触といいます（図3-6）。二次的接触のときに、二つの種が長い時間隔離されたあとでもう交雑しない場合は、異所的種分化で種が分かれたということになりますが、まだ交雑する場合も多くあります。このようにして二種が接触して雑種を形成している地域を「交雑帯」と呼びます。交雑帯は多くの生物で知られており、交雑した個体の適応度が親の二種より低い場合と高い場合の両方が報告されています。交雑した個体の適応度が低い場合、交雑をしないように自然選択が働くと考えられており、「強化」と呼ばれます。この強化は少し難しい考え方なので、くわしく説明しておきましょう。

強化とは何か

乾燥地帯と湿地帯に適応した種に進化した場合を考えます（図3-7）。交雑した個体は、

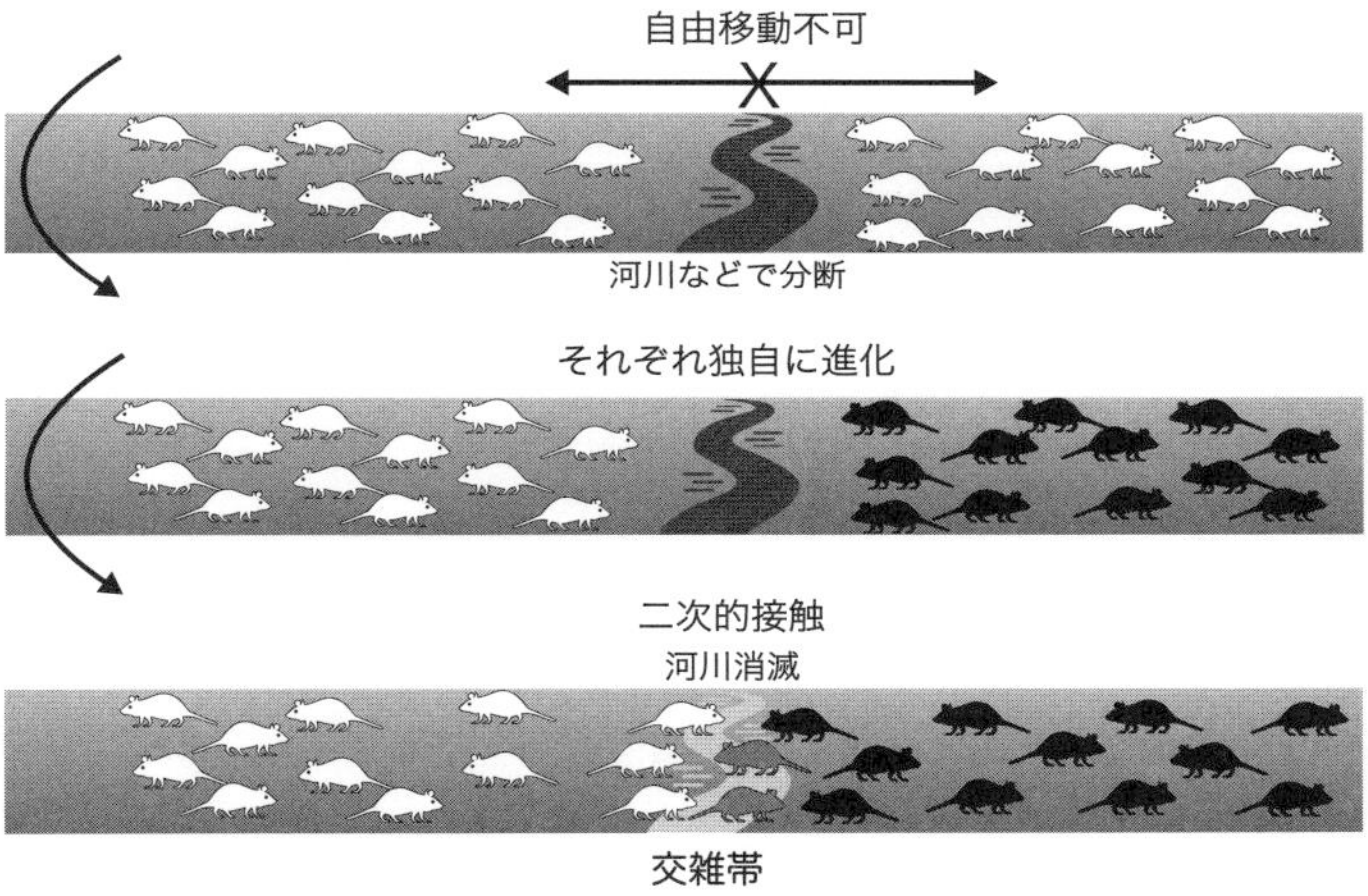

図３－６　二次的接触と交雑帯

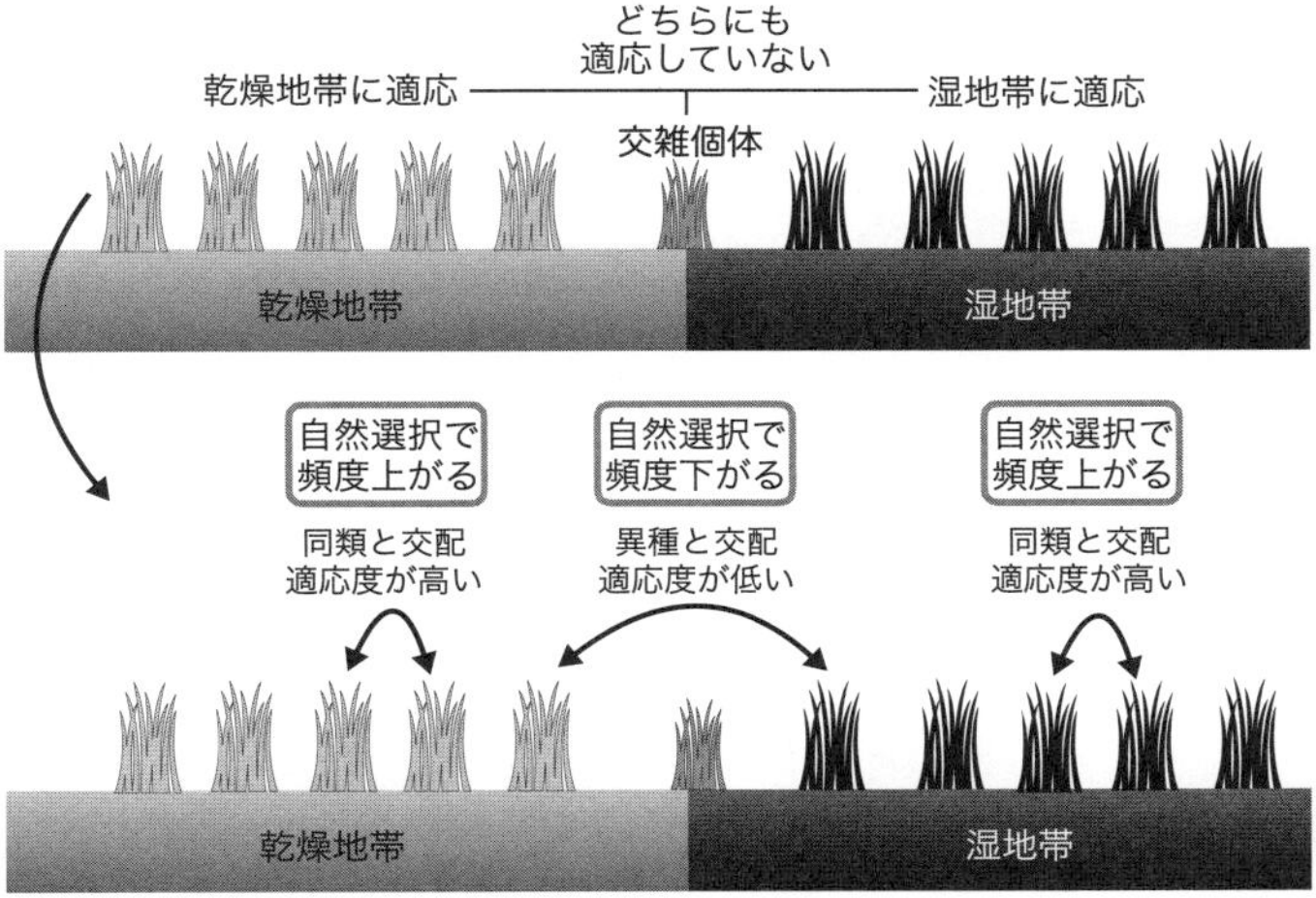

図３－７　強化の考え方

親の二種の個体に比べて乾燥地帯でも湿地帯でも生き残るのが難しい、つまり生息する環境での適応度が低くなります。そのため、どちらの親になった二種でも、同種と交配する個体は適応度の低い子（交雑個体）をつくることがないので、異種と交配する個体に比べて適応度が高くなります。別種と交配すると子は生息環境で繁殖可能な成体まで生き残れないので、適応度は低くなります。自然選択とは、適応度の高い個体が頻度を上げることでした。そのため、同種と交配することを決定する形質には自然選択が働いています。このようにして交配前に、別種とは交配しないという隔離の進化が、自然選択により促進されます[16]。接合前に交配相手を選び、繁殖成功率を高めるのは性選択でしたが、強化の場合は自然選択だという点が興味深いところです。

しかし強化は、交雑帯の二種間で遺伝的交流がわずかでもあると問題が生じてしまいます。適応度に関する遺伝子をここでは乾燥に強い遺伝子として考えてみましょう。乾燥地の種が同種を認識して交配するための遺伝子型（変異）が、乾燥に強い遺伝子とは別にあったとします。もし乾燥地の種と湿地の種が少しだけ交配すると、さらにその交雑個体が配偶子を形成するときに組み換え（配偶子形成の際に父方由来と母方由来のDNAが部分的に入れ換わり新規のDNA配列が生まれること）が起き、ゲノムが入れ子状になります。そうすると、見かけは乾燥地の種として認識されるものの、湿地に適応していて乾燥地では生き残れない個体ができます。

この個体は、見た目は乾燥地の種なので乾燥地の種から交配相手として認識されますが、じつは乾燥地では生き残れない適応度の低い個体と交配することになります。つまり、適応度の低い個体と交配することになるので、見た目での認識に自然選択は働きません。

強化の役割

それでは、実際に強化は種分化において重要な役割をはたしてきたのでしょうか？　強化の証拠を示す研究の多くは、交配前隔離の強さを二種の同じ場所に生息する集団と別の場所に生息する集団で調べて比較されてきました。なぜなら、同じ場所では二種の個体どうしが出会うので、交配前の認識による隔離が強く（つまり強化が働く）、別の場所では出会わないので、交配前の隔離が弱いと予想されるからです。その一例として、ショウジョウバエを用いた交配前隔離の強さと二種間の遺伝的距離（どれだけＤＮＡが違うかを距離で表す）を多くの種の組み合わせで調べた研究があります。そしてその組み合わせを同じ場所と別の場所のグループに分けて比較を行ったところ、同じ場所のほうが別の場所の組み合わせに比べて、遺伝的距離が小さくても交配前隔離が強いことが示されました。つまり、二種が同じ場所に生息する場合のほうが、交配前隔離が速く進化することを示しています。(17)これは強化の存在を裏づける例です。

しかしこのような比較の研究は、実際の適応度に関係する遺伝子と同種の認識に関係した遺伝子を調べていないので、直接的に強化の機構を明らかにしているわけではありません。そのためこれらの遺伝子が明らかになれば、強化の機構とその種分化における一般性も見えてくるのではないかと考えられます。

　ここまで、遺伝的に交流のない二つの集団から起こる種分化について説明してきました。大陸の分裂と種の系統関係、孤島で独自の進化を遂げた多くの生物種を見ると地理的隔離は生物の種分化に大きな役割を果たしてきたと考えられます。しかし、実際に現在地球上に生活する三〇〇万とも五〇〇〇万ともいわれる生物種は、すべてこのような地理的隔離を伴って誕生したのでしょうか？　多くの生物はある範囲内に生息域を持ち、その中でいくつもの細かい集団を形成しています。集団のあいだには個体の行き来、つまり遺伝的交流があり、その交流が多ければ近縁な集団で、少なければ集団間の分化の程度が大きくなります。次の章では、このような遺伝的交流のある集団からの種分化を説明します。

三　進化によって地位を確立する

ここで少し寄り道をします。一種もしくは少数の種／集団が、種分化と適応を繰り返しながら次々と多くの「生態的地位（ニッチ）」を占める過程を、「適応放散」といいます。

ニッチとは、ある一つの種が生息する環境をまとめた概念で、たとえば一つの種は「岩場の側面に生息し、そこでエビを食物とするニッチを占める」、別の種は「岩場の上部に生息し、岩の表面の藻類を食物にするニッチを占めている」という使い方をします。

適応放散とは、生物の進化の歴史において数多く起きてきた過程であり、そのスケールもさまざま。小さな島の中で起きた場合から、大陸で大規模に起きた場合まであります。種分化とも関わる考え方なので、この章で解説しておきましょう。

なぜ適応放散は起きるのか

これまでに起きてきた適応放散から、その条件を推定することができます。

一つ目は、適応放散が起きる場所に多くのニッチが存在し、利用可能な資源が存在することです。適応放散の過程では生物が多くのニッチに適応するため、その存在が不可欠となります。

つまり、環境が均一で変化が乏しい場所では適応放散は起きません。岩の上や横だけでなく、岩の下、岩の上の水中、岩に開いた穴など、さまざまなニッチを想像してもらうとよいと思います。

二つ目は、新たなニッチに適応してそのニッチを占める際に他種との競争が少ないことが挙げられます。そのためもっとも適応放散が起きやすい条件では競争がない、つまりまだ占める生物種のいない空白のニッチが多く存在する環境となります。また、新たな形質を獲得し、ある生息環境に適応的な分類群が進化した場合も、それまでいた種との競争は減少しこの条件に当てはまります。適応放散の際の種分化は、環境適応に伴って起きてきたと予想されるため、側所的種分化（詳細は第4章参照）がおもに起きたと推定されます。異所的種分化では地理的隔離が必要であり、適応放散のような繰り返しの種分化が起きるのは難しいのではないでしょうか。

実際に起きた適応放散

これまでの生物進化の歴史の中で、もっとも規模の大きい適応放散の一つが哺乳類の例だと思います。六五〇〇万年前に恐竜が絶滅し、地球上には多くの空白のニッチが出現しました。この空白のニッチを、種分化と適応を繰り返しながら占めたのが哺乳類です。この適応放散は別々の大陸で並行して起きてきたのも面白い点です。先述したように、ゾウ、ツチブタ、ハイラックスなどを含むアフリカ獣類はアフリカ大陸で、アルマジロ、アリクイ、ナマケモノなどを含む貧歯類は南米大陸で、ネズミ、イヌ、ヒトなどを含む北方獣類はローラシア大陸で、有袋類はオーストラリア大陸でそれぞれ独立に適応放散を起こしました。

海洋の孤島も空白のニッチが存在している場所となりえます。ユーラシア大陸からもアメリカ大陸からも遠く離れた太平洋に位置するハワイ諸島は火山島であり、海洋で誕生してから生物が移住してきました。この章で紹介したハワイショウジョウバエは、適応放散により四〇〇種にまで種分化したと推定されています。ガラパゴス諸島も同様で、ここに生息するガラパゴスフィンチも適応放散を起こした生物の例です。どちらの場合も、新たに誕生した島が空白のニッチを提供したことで、適応放散が起きたと推定されます。

水中に生息する生物では、新たな水環境が出現する際に空白のニッチが生じてきました。ここまで何度も登場したアフリカのタンガニイカ湖、マラウイ湖、ヴィクトリア湖のシクリッドの固有種も、湖の誕生後の間もない時期にそれぞれ一種、もしくは少数の種が湖に移住し適応放散を起こして現在の種に進化したと考えられています。適応放散の結果、これらの湖には魚食、藻類食、貝食、昆虫食、エビ食、ウロコ食などに特化し適応した種が進化してきました。

このような二つの条件が揃えば、同じ分類群の生物が繰り返し適応放散を起こすこともあります。ふたたびハワイのショウジョウバエを例にすると、噴火によって形成される新しい島に移住して空白のニッチで適応放散を起こし、さらに次の新しい島の誕生でまた適応放散を起こし……という具合です。

繰り返しの適応放散は海洋の諸島ばかりでなく湖でも起きます。アフリカの三大湖は、タンガニイカ湖、マラウイ湖、ヴィクトリア湖の順に誕生しました。シクリッドの適応放散は、初めにもっとも古いタンガニイカ湖に河川の祖先種が移住することで起き、その後放散した系統の一部がふたたび河川に進出しました。マラウイ湖が誕生したあと、この河川に進出した系統の一部がマラウイ湖に移住して適応放散を起こし、もっとも新しいヴィクトリア湖でも同様に河川からの移住によって適応放散が起きました。これら別々の湖で繰り返し起きた適応放散により、現在のそれぞれの湖に固有な数百種のシクリッドが生じてきました。面白いことに、適応放散は独立に起きたにもかかわらず、同じニッチに適応した種は類似した形態を獲得しています（これを収斂《しゅうれん》進化といいます）。そのため、収斂進化の例としてもよく研究されています。

野外調査ファイル③

インドネシア・スラウェシ島のマカク～新しい研究の始め方～

インドネシア・スラウェシ島のスラウェシマカクを最初に知ったのは、シクリッドの視覚の共同研究で京都大学霊長類研究所を訪れていたときでした。共同研究の測定の待ち時間、午後三時のおやつとお茶に誘われて歓談していた際、少しだけスラウェシマカクが話題にのぼりました。

マカクとはマカカ属のサルの種の総称で、ニホンザルもこの仲間に含まれています。マカカ属の種は全世界に二〇種生息しており、霊長目の中では、一つの属としてはヒトに次いで二番目に広い分布を持っています。このように全世界に広く分布しているにもかかわらず、分布域のわずか二・五％の広さのスラウェシ島には、この地域にしか分布しない七種のマカクがいます。それがスラウェシマカクだったのです（図C‐6）。その当時私は、アフリカの湖で多くの種に分化したシクリッドを用いて研究をしていたので「一つの島の中で七種に分化したのだろうか？」「湖と島は似たようなものかな？」などと思いをめぐらせ、いつか研究する日がくることを期待していました。それから七年後、実際にスラウェシ島の空港に降り立つことになった

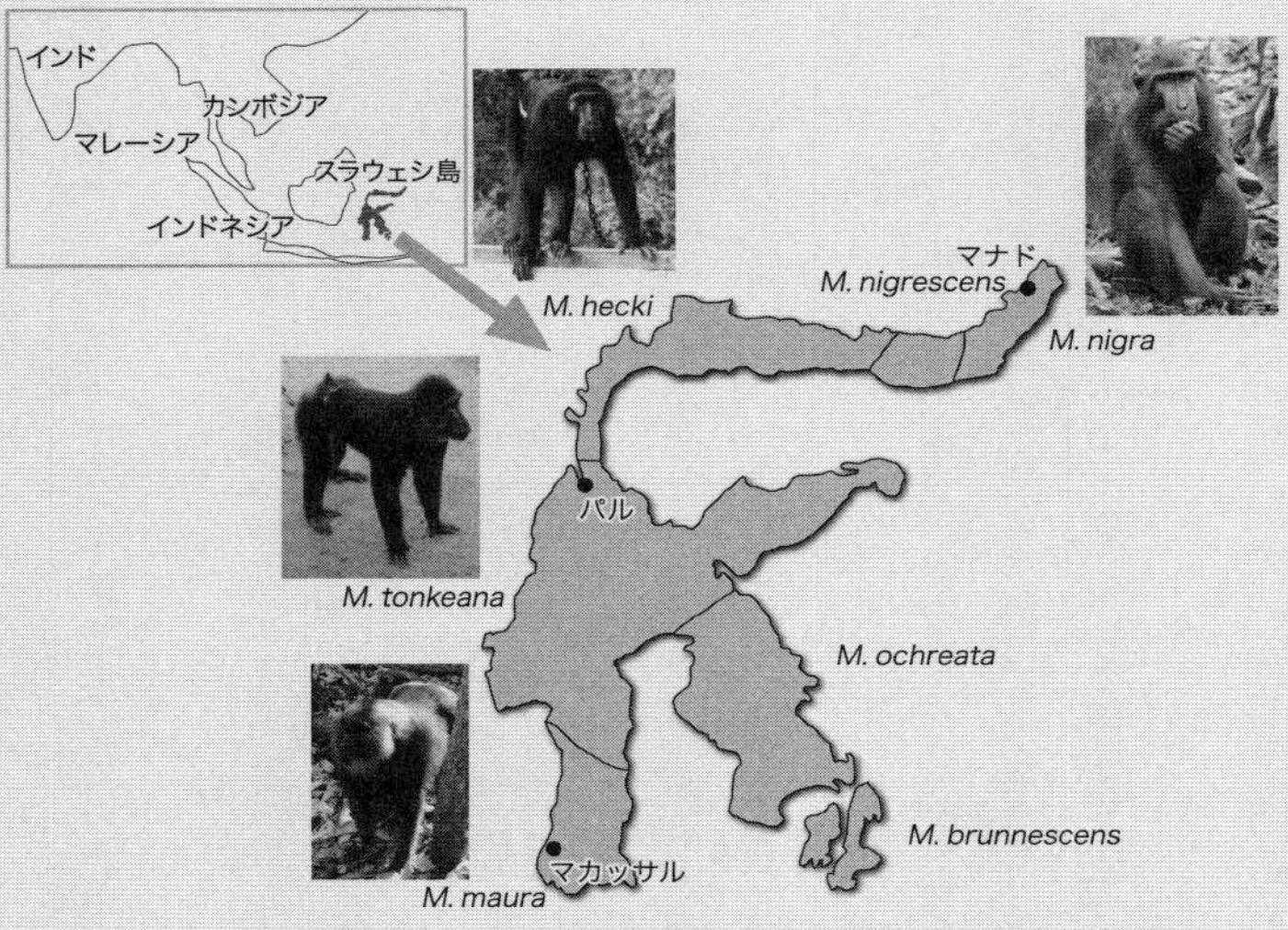

図C－6　スラウェシ島と固有のマカク

のです。

まずは現地での観察から

このコラムのテーマは「新しい研究の始め方」ですので、まずそこから説明しましょう。研究対象の生物を決めたあとに「研究するぞ！　現地に直行！」とはなりません。まずは、その生物を専門に研究している方に相談する必要があります。私は初めに京都大学霊長類研究所の今井啓雄博士に相談をして、インドネシア・ボゴール農科大学のバンバン・スリィヨブロト（Bambang Suryobroto）博士とカンティ・アルム・ウィダヤティ（Kanthi Arum Widayati）博士を紹介していただきました。

初めてのインドネシア、初めてのスラウ

ェシ島。最初に訪れたのはスラウェシ島南部のマカッサルで、ここには*M. maura*（便宜的にマウラと呼びます）が生息しています。国立公園の近くに宿泊し、次の朝、食堂の外のテーブルで食事を始めると高い木の上にマウラの若い個体がやってきました。木の皮を剥《は》がしながら何かを探しているようでしたが、凝視している私を気にしているようでした。それから山中の餌付けされている場所でマウラの群れと遭遇。印象としてはニホンザルより少し小型で、温和な性格のサルたちでした。その後も、国立公園内などでマウラの個体を観察しました。

マカッサルでの調査のあと、スラウェシ島北部のマナドへ移動しました。マナドには*M. nigra*（便宜的にニグラと呼びます）が生息しています。マナドの国立公園内を歩き、ニグラの群れを観察しました。ここでは保護されているためか、あまり人間を気にしません。初めて見たときに思ったのは「真っ黒」でした。体毛も顔も真っ黒です（口絵⑥）。マウラがグレーがかった茶色のような色でニホンザルよりは色が濃い程度の体毛色であることと比べると、驚くほど黒いのです。世界中でもスラウェシ島の狭い範囲にしか生息しないにも関わらず「クロザル」という和名があるのも納得です。二種を比べることによって「いったいこの黒さの生態的な役割はなんだろう？」と大きな疑問が生まれてきました。さらに〝髪型〟や頬骨が気になります。全体としてニグラはマウラよりスリムな印象です。大きさは同程度でしょうか。そしてマウラと同様に温和です。マウラとニグラを比べると、同じ島で種分化したのが驚きであるほど形態的に異なる別種という印象でした。地理的にも十分な距離隔離されており、この二種を種分化の研究に用いるかは判断の難しいところです。

次の年にはスラウェシ島中部より少し北のパルを訪れました。ここはスラウェシ島が長細くなる北部の付け根で、南に分布する *M. tonkeana*（便宜上トンケアナと呼びます）と北に分布する *M. hecki*（便宜上ヘッキーと呼びます）の分布の境界があり、そこで実際に交雑していることが報告されていることから、交雑帯であることがわかります。パルの空港に朝到着して、朝食をとりに街の食堂へ行って驚いたのが、食堂の隣の家の柵にヘッキーの子供がいたことでした（図C－7左）。この家に飼われていたヘッキーの子供は紐でつながれており、柵と木のあいだを行き来できるようになっていました。絶滅危惧種であるため飼育は禁止されていますが、地元の人は群れからはぐれたりした子ザルを飼育しています。同じように飼育されているトンケアナもいます。これら二つの種は、最初は見分けるのが難しいですが、慣れてくると見分けられるようになってきました。体毛色は似ているものの、北に分布するヘッキーのほうがより黒に近く、とくに顔の皮膚はヘッキーでも真っ黒（ニグラほどではない）な個体もいました。また頭の毛質が違い、ヘッキーはストレートで長め、オールバックなのに対してトンケアナはポヤポヤしています。これら似ているけれど見分けられる二種の交雑帯を見るためにパル近郊の山中に行きました。

図C－7　ヘッキーのこどもと交雑帯

分布の境界には川が流れていたり、谷があったりという、なんらかの地理的隔離があるものと想像していたのですが、境界の周辺は単なる山中でなんの物理的な障壁もありませんでした（図C－7右）。山中の道沿いにいる群れや個体をちらほら見ましたが、どれもヘッキーでした。山の道路が二種の分布の境界より少しヘッキー寄りかな？　などと思っていると、不思議な感じの個体が現れました。遠かったのでカメラの望遠を駆使して写真と動画を撮影し、バンバン博士に確認してもらうと、おそらく交雑個体だろうとのこと。この交雑個体は成体のオスで、ヘッキーのオスと行動をともにして山中に去って行きました。その後、何度となくこの交雑帯を訪れましたが、結局まだ一度しか交雑個体を見ていません。

研究の戦略を立てる

四種類のスラウェシマカクを実際に見てきて、どのように研究を進めるかを考えなければなりません。最初に考えることは、どの種を研究対象にするかということです。すでにヴィクトリア湖のシクリッドでの経験から（詳細は第5章参照）、研究の対象は遺伝的に近縁であり低頻度ではあるが交雑がある二種が理想的だとわかっていました。それを考慮すると二種間の分布の境界に交雑帯があり、実際に交雑しているトンケアナとヘッキーの種の組み合わせが最適だと思われます。また、過去の研究で少ないデータではあるのですが、これら二種が同じ遺伝子型の多型を共有しているという報告もありましたので、この二種を研究に用いることにしました。七種すべてに研究範囲を拡大するのは二種の結果を見てからです。

サンプルの採取

研究を始めた当初は、野生個体のあとをついて歩いて個体の情報（雌雄、老若を含めた個体識別）を得たのちに、個体から落ちたフンからＤＮＡを抽出する予定でいました。しかし実際にパルに行くとトンケアナもヘッキーも違法ですが飼われています。そして、カンティ博士が行動実験を行っていたので何個体も飼育個体が目の前にいました。最初は落ちているフンの表面を綿棒で拭って、それをＤＮＡ保存液に漬けていましたが、「ヒトからＤＮＡ用のサンプルを採取する際は頬の内側を綿棒で拭うのだった」ということを思い出し、目の前の飼育個体に綿棒を口に含んで採取する方法に変更しました。なお飼育個体を訪れた際には、個体の出身地の情報を聞き、バンバン博士は必ず、飼っているのは絶滅危惧種であり飼ってはならないこと、野生に返すべきことなどを伝えていました。

フンからDNAを抽出すると大半がフンに含まれるバクテリアのDNAです。わずかに付着した腸壁の細胞から抽出される本体のDNAは微量であり、またDNAは本来長くつながった巨大な鎖状なのですが、フン由来のDNAは細かく断片化していて質が悪いこともわかっていました。その点、ちょっと口に入れた綿棒から抽出したDNAは、微量ではありますが質がよくその後の実験が圧倒的にやりやすくなります。

研究の詳細は第5章で書いているのでそちらを見ていただくとして、パル周辺で採集したDNAを用いてそれぞれの個体からすべての遺伝子の配列を決定し、種分化に関与した候補の遺伝子を抽出できたことで、スラウェシマカクの種分化がどのようにして起こったかの本格的な研究が可能となりました。

スラウェシ島での日々

調査地から帰ると、多くの方に現地での生活について聞かれます。そこで、少しだけスラウェシ島での日常を紹介しましょう。まず、毎日時間になるとイスラム教のコーランが放送されます。コーランを聞くとインドネシアにきたのだなと思います。朝食はホテルで食べる場合と、現地の食堂に行く場合があります。朝食はおかゆがお気に入りです。おかゆとは少し違い、ホテルの朝食なら、私はおかゆがお気に入りです。おかゆといっても日本のおかゆとは少し違い、長粒米をチキンスープで煮たような味です。これにスパイスや豆、フライドオニオン、辛いソースなどをかけて食べます。とてもおいしいのですが、少しでもソースをかけすぎると辛過ぎて後悔します。食堂では朝から、日本でもおなじみのナシゴレンを食べます。〝ナシ〟は〝ご飯〟で〝ゴレン〟は〝炒め〟という意味です。昼食は出先の食堂ですませます。イスラム教徒が多い国ですので、基本的に鶏肉か魚です。揚げた鶏肉や焼いた魚など、どれを食べても日本人の口に合います……辛さ以外は。夕食は、とくにパルでは気に入った半分屋台の店があり、焼き魚を食べました。店頭の氷の上に魚が並べてあり、食べたい魚を選ぶと炭火で焼いてくれます。これに辛いソースなどをつけて食べるのです。

インドネシアには「サンバル」というソースがあり、毎食これがついてきます。基本はトマトと赤タマネギと新鮮な唐辛子を炒めてすり潰したものですが、これらの材料を生のまますり潰してライムを混ぜた生サンバルも絶品です。スラウェシ島のマナドはインドネシアの人でも料理が辛すぎるというだけあって、味が刺激的です。辛いものが苦手な人は、インドネシアであまり食事を楽しめないかもしれません。しばらくすると辛さは麻痺して、どの料理もおいしく感じてきます。しかし、辛いものを食べ過ぎると疲労感に襲われるので注意しています。私

パームワイン　　　　ここから出てきました

図C－8　スラウェシ島のパームワイン

は食べたときに〝痛い〟と感じるときは、控えるようにしています。

イスラム教徒が多い国ですので、レストランでアルコールを出してくれるところは、きわめて稀です。その代わりに現地で面白いパームワインという発酵酒を飲ませてもらいました（図C－8）。ヤシの樹液を古い竹筒に集め（昆虫もたくさん入る）、二四時間置くと発酵してパームワインができるそうです。できたパームワインは、もともとは車の不凍液が入っていたと思われるプラスチック容器に入っていました。その容器にはザルがヒモでつけてあり、昆虫をザルで濾《こ》してから飲みます。味は酸味と甘さとヤシの後味がしてさわやかです。

都市部ではあまり問題になりませんが、自然に近いところだと夕食時におかずに昆虫が墜落してきます。しかし、これを気にしていては食事ができません。墜落した個体を取り除いて食事を続けます。一度は食事中に、カマキリが顔に激突してきたこともありました。宿泊は、ホテルだと安心できます。冷房があってお湯が出れば最高です。電気と冷房がないところでは、蚊帳を重宝します。一人用の蚊帳を携帯していると、蚊帳のない宿でも安心です。蚊に刺されると、デング熱やマラリアに感染する危険があるので気をつけないといけません。とくに夜は、マラリアを媒介する種類の蚊が飛んでいるので要注意です。

気をつけるべきこと

インドネシアの人も食べ物にあたることに気をつけています。必ず火が通った熱々のものを食べます。つくり置きのものを食べるならば、すごく清潔感のあるレストランを選べば大丈夫。よく宿泊するジャカルタのホテルの隣のレストランは、たくさんのつくり置きのおかずの中から選ぶスタイルですが、清潔感がいまいちなせいか高確率で軽くあたります。歯を磨いたときに水道水で口をゆすぐとあたると聞きますが、そんなことはありませんでした。多少水道水に色はついていますが。食堂で出される生水を飲んでも、意外となんともありません（注：私はたぶん抵抗力があるほうなのだと思います）。治安の悪さを感じたことはありませんが、安全のために独り暮らしをする人は少ないそうです。買い物の際に、お札の桁数が多すぎるので慣れるまでは戸惑います。スターバックスのコーヒー一杯が五万ルピア!?　と驚くと思いますが、日本円で五〇〇円弱です。日本より少し高いですが、インターネット接続が必要なときは便利です。

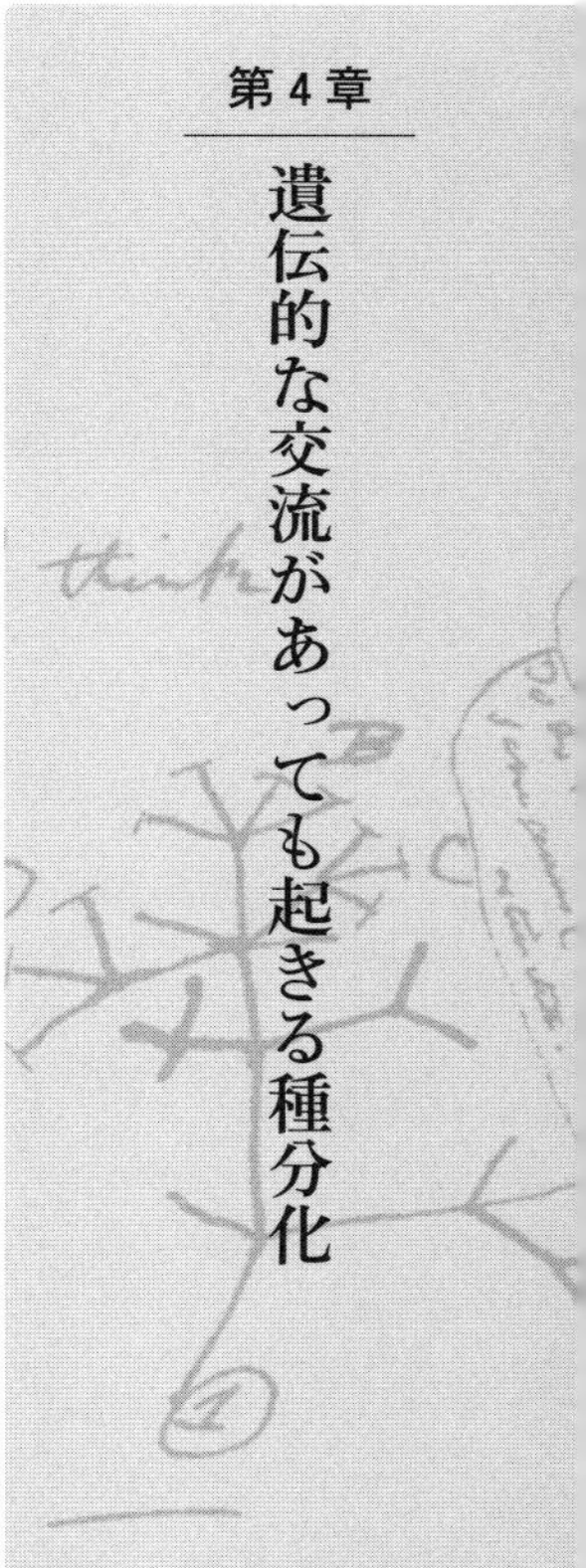

第4章

遺伝的な交流があっても起きる種分化

第3章で述べましたが、異所的種分化と側所的、同所的種分化は性格が大きく異なります。異所的種分化では種分化の最初に集団が物理的に分断され、それぞれの集団の個体は出会うことがなく別種へと進化していきます。簡単な例をあげると、隣村とのあいだに巨大な壁が突然できて、行き来がまったくできなくなる。このような状態から種分化が起きるのが異所的種分化です。

対照的に側所的種分化では、限定的に行き来がある集団から種分化が起きます。また村の例で説明すると、それほど離れておらず、村人の行き来がある二つの村から種分化が起きるのが側所的種分化です。同所的種分化では、完全に個体が混ざっている状態から種分化していきます。一つの村の中の村人が、いつのまにか二つの種にわかれてしまうような種分化です。

一　限定的な遺伝的交流からの種分化

ここでは、二つの集団のあいだで個体の行き来が制限されているケースをモデルに考えていきます。たとえば、水中に砂地で隔てられた二つの岩場があり、それぞれの岩場では個体は自由に行き来しますが、岩場のあいだは広い砂地を渡らないといけないため、それほど移動する個体は多くないような状態です（図４－１）。側所的種分化ではこのような状態から種分化が始まり、徐々に集団間が生殖的に隔離されていきます。

側所的種分化は異所的種分化のように、それぞれの集団が独立に進化することを仮定できません。そのため、二つの集団を分断するような〝作用〟が種分化の際に働いていると考えられます（図４－２）。この作用とは性選択と自然選択であり、集団を分断するときは、それぞれ分断性選択と分断自然選択と呼ばれています。そこでまずは、分断性選択と分断自然選択がどのように進むかを見ていきます。さらに、遺伝的交流のある状態から種分化がどのように進むのかへと話を進めていくことにしましょう。

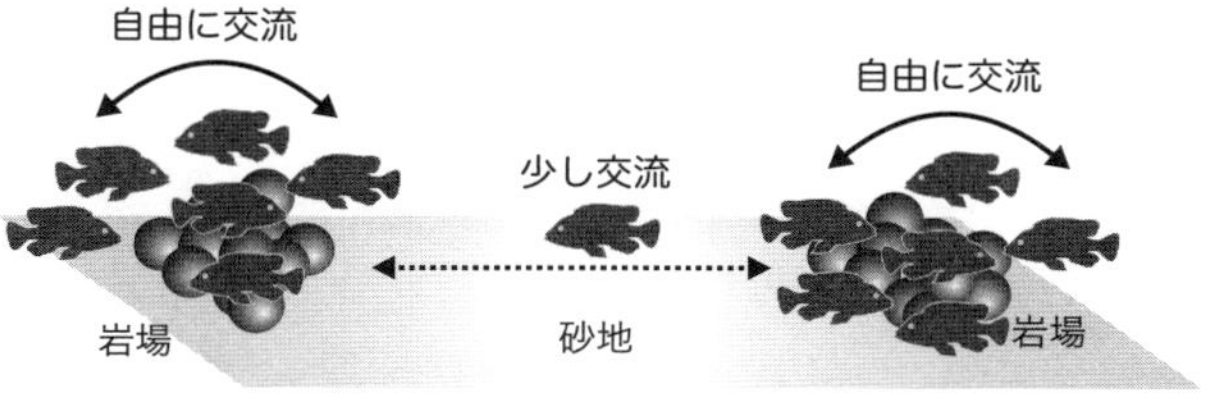

図4－1　側所的種分化の始まり

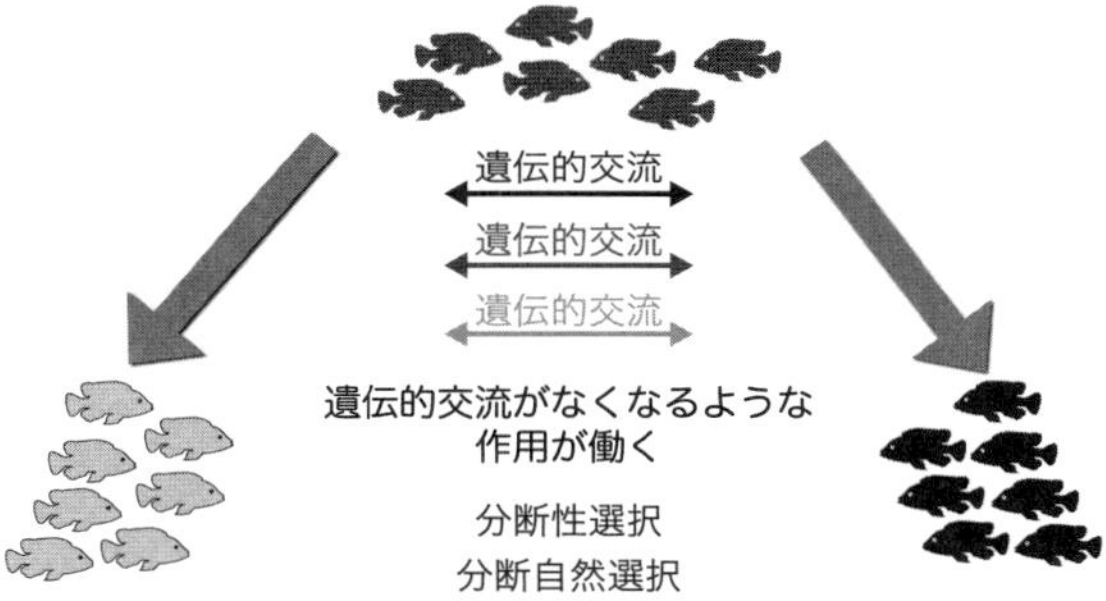

図4－2　遺伝的交流を断絶させる作用

性選択が引き起こす種分化

第2章では、性選択の条件として、集団内に差があることを挙げました。これは分断するような性選択の場合も同じであり、繁殖に関わる違いが集団内に存在し、その形質が遺伝します。性選択は、選択する側とされる側がありますが、選択する側にも選択される側にも二つのタイプがある場合を考えてみましょう（図4－3）。ここではわかりやすくするために、メスは体色が赤か青のいずれかを好み、オスの体色は青か赤です。この場合、赤を好むメスは赤いオスを繁殖相手に選び、その子供は

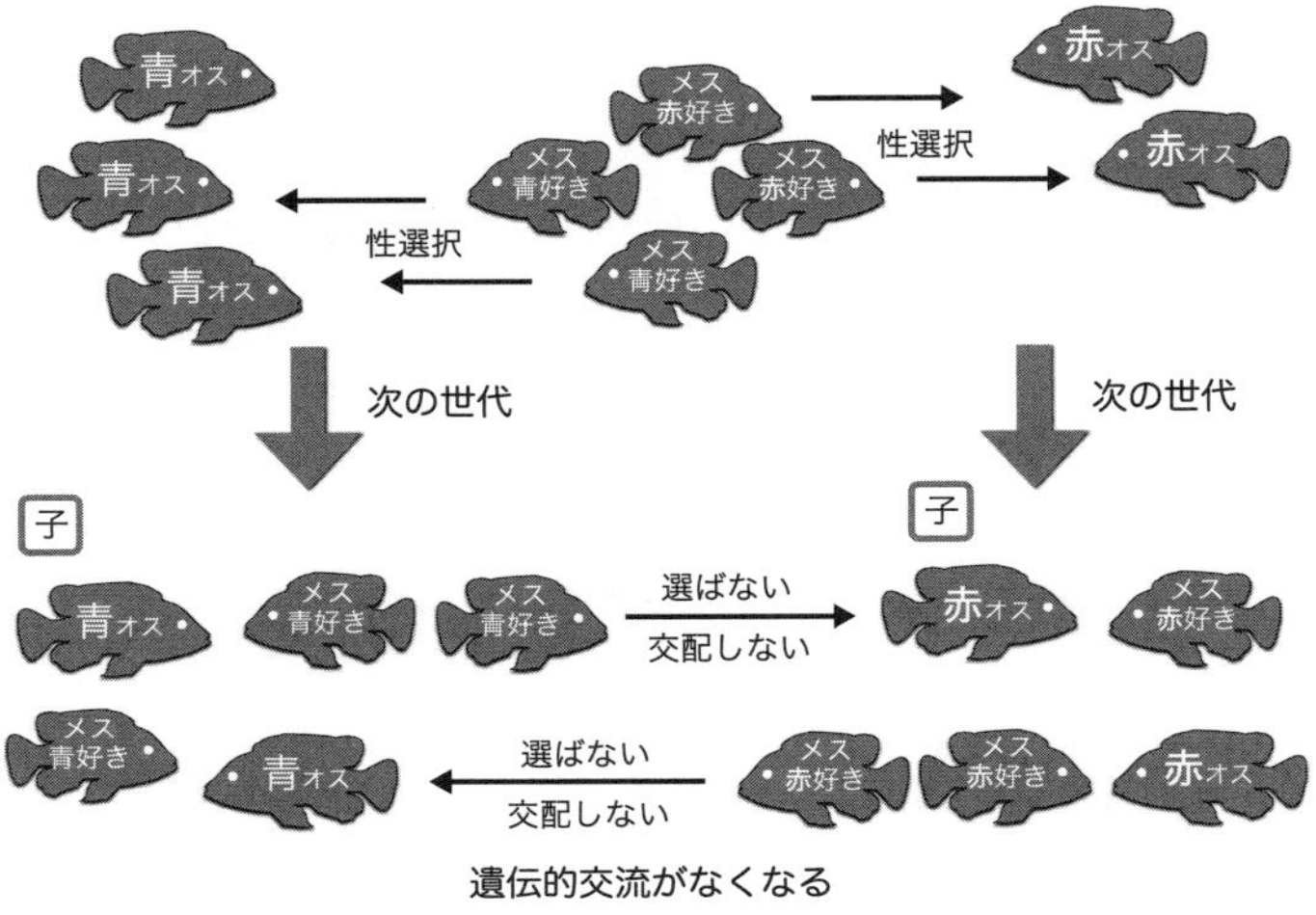

図4－3　分断性選択

メスなら赤を好み、オスなら赤い体色となります。同様に青を好むメスは青いオスと交配し、その子供は青が好みのメスと青いオスとなります。そのため、それぞれが好みのオスと交配することにより、集団が、赤が好みのメスと赤いオスのセット、青が好みのメスと青いオスのセットに分かれていきます。つまり、性選択によって一つの集団が二つに分断されていくというわけです。このような性選択により起こる分化が「分断性選択」です。このようにして分化した種は接合前隔離によって生殖的に隔離されます。

形質の違いが生息環境の住み分けを促進する

分断自然選択も、自然選択が起こる条件で挙げたように、集団内に差があり、その違いが遺伝する必要があります。

分断自然選択の場合、ある一つの集団の生息域に二つのニッチがあるケースを考えます。この集団中には、それぞれのニッチに適応度の高い二つの形質があるとします。この二つは、形質にも適応度にも差がありますが、生息環境（ニッチ）も二つあり、どちらの集団の形質もうまくマッチするため、ニッチにおける適応度が高いことを意味します。第3章の例に当てはめると、同じ岩場に生息する種の集団内に口の大小という形態の違いがあり、口が大きいと岩場の側面でエビを丸呑みすることに有利で、口が小さいと岩場の上部で藻類をついばむことに有利で、どちらも岩場で有利になっています。このような場合、それぞれ適応度が高い形態（口が大きいと小さい）に分化するように自然選択が働き、形態が異なる集団に分化していきます。これが「分断自然選択」です。実際の分断自然選択の例については少しあとで紹介します。

生態的種分化と感覚器適応種分化

しかし、この分断自然選択だけでは集団間の完全な分化、つまり生殖的隔離は起こりません。なぜなら、口が大きくても小さくても、繁殖相手を選ぶ際の基準と関係なければ、どんなにそれぞれのニッチに適応したとしても、二つの集団は交配を続けるからです。しかしもし、二つのニッチへの適応に関係した形質が繁殖にも関わるとしたらどうでしょうか。一方の形質を持

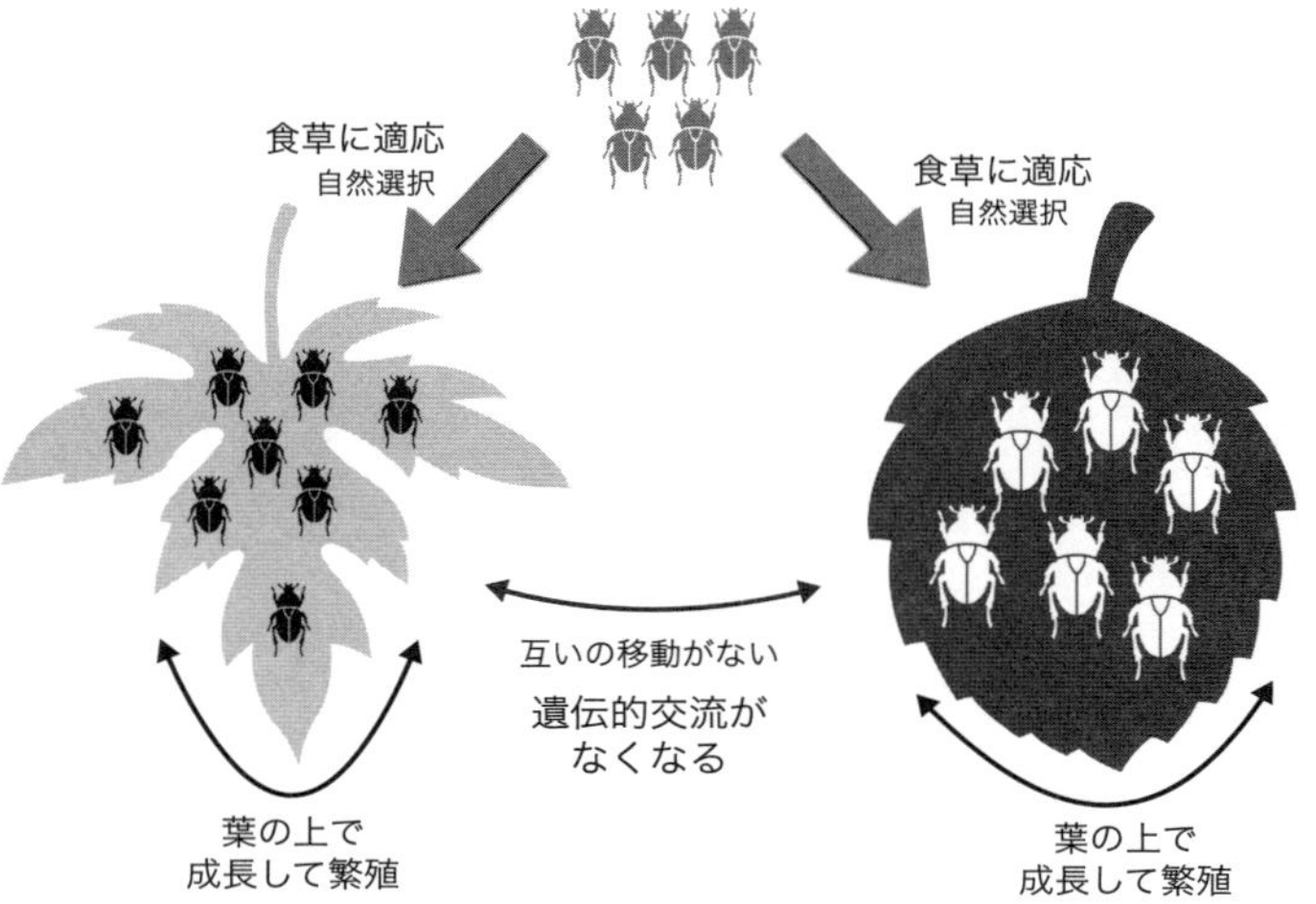

図4－4　分断自然選択

つ個体が他方の形質を持つ個体と交配しなくなれば、それぞれのニッチに適応した集団は生殖的に隔離され種分化が起こると考えられています。このような種分化は「生態的種分化」と呼ばれています[18]。生態的種分化において生殖的隔離は、生態的な適応の副産物として生じています。たとえば、異なる食草に適応した昆虫がその食草の上で繁殖を行うことで生息場所が隔離され、その結果として生殖的隔離が起こることが生態的種分化の例です（図4－4）。

このほかにも、適応する形質が感覚受容器（感覚器）であり、配偶者を選ぶ際にその感覚器が配偶者からのアピールの情報（シグナル）を受け取る場合にも種分化が起きます。この種分化では、感覚器が環境などへ適応的

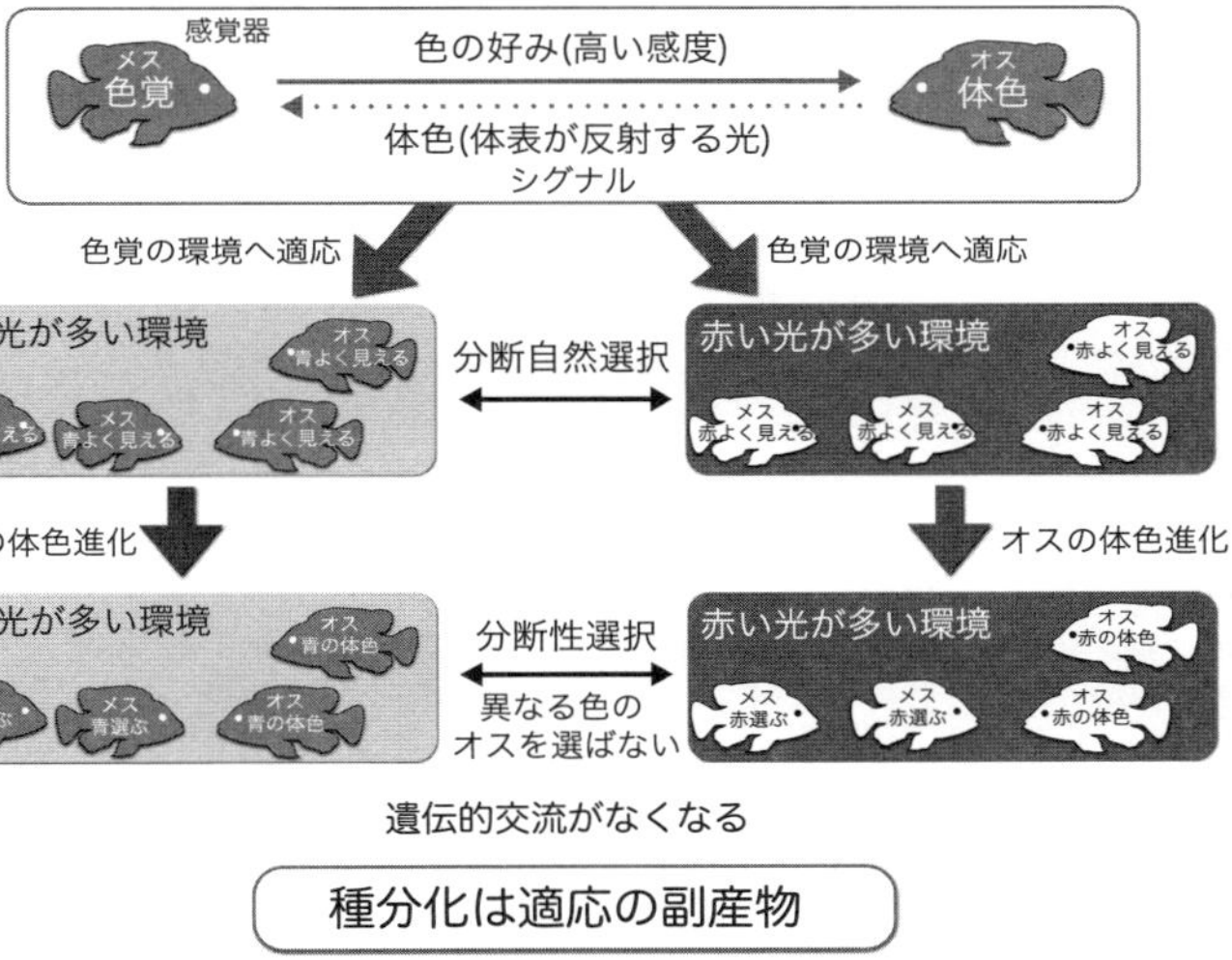

図４－５　感覚器適応種分化

に分化し、分化した感覚器に感度よく受容されるようにシグナルが進化することで生殖的隔離が起こります。ちょっと難しいので図４－５を見ながら説明します。

感覚器が視覚の場合で、集団内に赤に感度のよい光受容体と青に感度のよい光受容体が存在していた、もしくはどちらかの光受容体が新たに進化したとしましょう。そして繁殖の際にオスは、赤い体色（体表が反射した赤の光）と青い体色（反射した青の光）をシグナルとして用いています。この集団が、赤か青のいずれかに感度がよいと適応的になるような光環境に生息していたとします。そうすると赤と青、それぞれに感度のよい光受容体はそれぞれの環境に適応します。視覚が適応的に分化すると、オスの体色もそれぞれ適応した光受容体に感度のよい色をシグナルとして用いるように分化します。シグナルが分化したあとには、互いに別の集団の個体のオスに対するメスの視覚の感度はよくないので、地味なパッとしないオスに見えてしまいます。そうすると配偶者として選ばれなくなり、生殖的に隔離されることになります[19][20][21]。これは感覚器の適応によって起こる種分化なので「感覚器適応種分化（speciation by sensory drive）」と呼ばれます。この場合でも生殖的隔離は生態的な適応の副産物として生じています。つまり、種が分かれたくて分化したのではなく、環境に適応したら種分化したということなのです。

側所的種分化と環境適応

側所的種分化には、集団を分断するような選択が必要だということが理解できたと思います。その一つが分断自然選択であるということは、側所的種分化には環境への適応が重要だということになります。側所的種分化の初期には、ある一つの種が変化のある環境に連続的に、もしくは断続的（飛び石的）に分布しています。そしてそれぞれ少しずつ異なる環境に生息する集団が、自然選択により生息環境に適応します。隣接する集団とは環境が少し異なるので、一つの集団が一つの環境に適応したあと、個体が隣接する集団に行くと適応度が下がります。そのため、隣接集団との遺伝的交流は分断自然選択により減少します。この状態から分断性選択、もしくは適応の副産物として生殖的に隔離されれば種分化へとつながります。このように種分化が起きたのならば、近縁種は少しずつ異なる環境から種分化するため、隣接した環境に分布すると考えられます。

側所的種分化の特徴は、種分化が起こり始める条件が自然界に見られるほとんどの生物の種の集団に当てはまることが挙げられます。多くの生物は数多くの集団をつくっています。また、それらの集団のあいだでは、個体が少しずつ行き来しています。つまり集団間に遺伝的交流があるものの、完全に交流しているわけではなく限られた数の個体だけが交流しているのです。これは側所的種分化が起こる初期の状態です。次に一つの種のそれぞれの集団が、生息環境に適応していることも多くの生物種で見られます。このことも側所的種分化の特徴に当てはまります。また、多くの生物で近縁種が隣接した環境に生息することも側所的種分化を起こしてきた種に見られる特徴です。そのため、多くの生物種は側所的種分化を起こす可能性がある、もしくはすでに起きた可能性があると考えられます。それでは、実際にこのような集団から集団間の生殖的隔離は生じるのでしょうか？

そこで、分断自然選択により実際に起きた感覚器適応種分化の例を紹介します。感覚器適応種分化のモデルでは、オスとメスのあいだで繁殖のために交わされるシグナルがあり、そのシグナルは配偶相手をより強く引きつけるように進化すると考えます。つまりシグナルを発する側は、それを受容する側の感覚器を強く刺激する、感覚器に感度のよいシグナルを発することが仮定されています。少し話が難しいので、具体的にメスがオスの体色（体表が反射する光）をシグナルとして受容して、配偶者を選ぶ場合で説明します（図4－5）。

もしメスの光受容体が青に感度がよいならば、赤や緑のオスに比べ、青いオスは青の光を反射しメスの受容体を強く刺激できます。そうすると、メスは青いオスを繁殖相手に選び、その結果青いオスの繁殖成功率が高いため、オスの体色は性選択によりさらに目立つ青に進化します。実際に性的二型（84ページ参照）があり、オスがメスにディスプレイして交配相手を誘う多くの種では、メスは際立って目立つオスにより強く引きつけられることが知られています。際立って目立つオスを見て認識する場合の感覚は視覚であり、認識を匂い（化学物質）で行う場合の感覚は嗅覚です。これらの感覚器が異なる環境に生息する集団でそれぞれの環境に適応した場合、シグナルはそれぞれ適応した感覚器に感度がよいと繁殖成功率が高いため、性選択によってそれぞれ異なるシグナルに進化します。感覚器とシグナルが分化すると、それぞれの集団で感覚器に感度のよいシグナルを発する相手と交配するので、別の集団の個体は交配相手として選ばれなくなるのです。

感覚器適応種分化のモデルに実際の視覚の情報、生息光環境、メスを引きつけるオスの体色を当てはめて種分化のシミュレーションを行うと、光環境が、青、緑、黄、赤の光が多いというように変化する、つまり光の勾配がある場合に種分化が起こりうることが示されています。[22]
それでは、地球上のどのような場所で光成分の勾配ができているのでしょうか？　林や森の中は、樹木の葉を通って光が届くため、葉緑体のフィルターを通したような光が到達しています。葉緑体は青と赤の光を吸収しているので、届いている光は可視光では緑になります。水中ならば透明度、深さ、水の中の物質などがフィルターの役割をして、水面から透過してくる光の成分が変化します。とくによく研究されているのがヴィクトリア湖の水中です。ヴィクトリア湖の水中は透明度、深さによって存在する光の成分が大きく変化することが報告されており[23][24]、湖固有の多くのシクリッドの種は光の成分の勾配の中に生息しています。それぞれの種は性選択による強い接合前隔離があり、性選択を行うことのできない特殊な条件で交配させると雑種は正常に成長し、その子供も正常に成長します。またすでに述べましたが、メスは、メスの視覚に感受性の高い婚姻色のオスを選択していることが明らかにされています[1][2]。そこで次に、これらの種分化について私が行った研究を紹介していきます。

シクリッドの視物質を調べる

ヴィクトリア湖では沿岸部や湾内では透明度が低く、沖合に行くほど高くなっているということは先述のとおりですが、透明度の高い岩場から低い岩場までシクリッドは分布しています。

その一つの種を用いて研究を行いました[25]。この場合の透明度とは〝濁り〟のことです。透明度が低ければ濁っており、高ければ比較的濁っていない状態です。水中の光の成分は透明度が高ければ短波長から長波長まで可視光域のすべてを含んでいますが、低ければ長波長側の黄～赤の光だけを含みます。つまり、同じ種であっても透明度が違えば生息する光環境も違うということになります。それでは、このような光環境の違いの中で、物を見るための視覚は環境に適応しているといえるでしょうか？　眼のなかには、色覚を担う視物質が存在します。そのうち黄～赤色の色覚はＬＷＳ遺伝子が担っているので、この遺伝子を調べることにしました（図4－6）。

透明度が高い岩場に生息する集団と低い岩場の集団はＬＷＳの異なった配列を持ち、それぞれの配列がそれぞれの集団中にほぼ一〇〇％の頻度で存在していました（この状態を「固定」といいます）。他の遺伝子領域ではこのような集団間の違いは見られなかったため、それぞれの光環境にＬＷＳ遺伝子が適応していると考えられます。その検証のために、それぞれの配列からＬＷＳオプシンのタンパク質をつくり、レチナールと合わせて視物質を再構築してどの色の光を吸収するか（何色がよく見えているか）を調べてみました。すると、高い透明度の集団が持つ配列に比べ、低い透明度の集団が持つ配列では、吸収する光が長波長寄りに移動していました。つまり、低い透明度の集団の個体は黄～赤の光をよりよく吸収できることになり、Ｌ

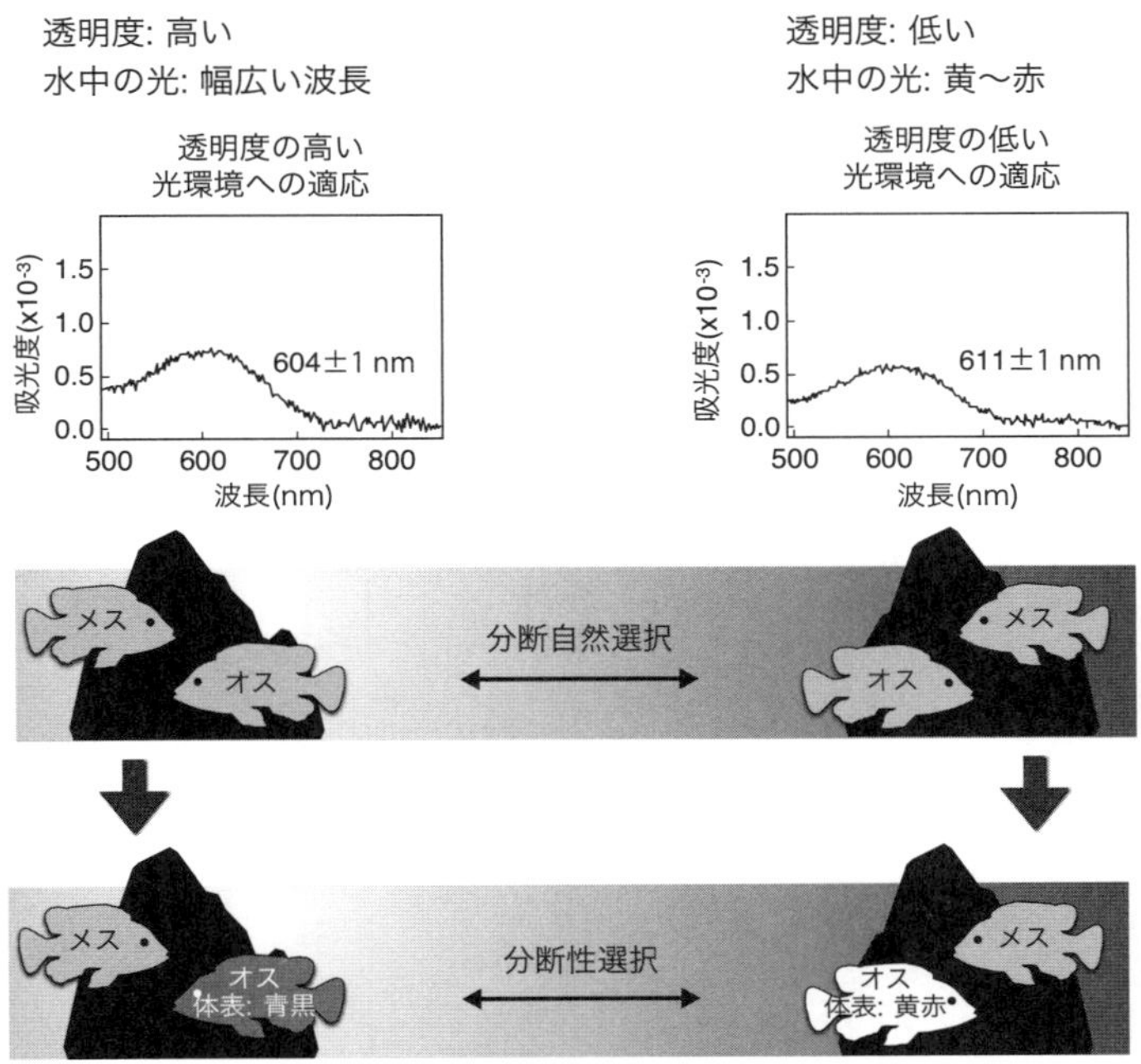

図4－6　透明度の違いによる感覚器適応種分化

ＷＳ視物質は低い透明度の光環境に適応的であることが明らかになりました。また、のちの研究で高い透明度の集団が持つＬＷＳ視物質もその光環境に適応的であることが明らかになりました[10]。

　このことを自然選択の視点から説明すると、最初に一つの種が透明度の高い岩場と低い岩場に分布を広げます。それぞれの岩場では光環境が異なるので、ＬＷＳ遺伝子がそれぞれの環境でよりよく見えて生き残れるような配列が頻度を上げます。それぞれの集団で異なるＬＷＳの配列を持った個体の頻度が上がると、一つだった集団は二つに分断されます。つまり、もともとは遺伝的交流のある集団が分断自然選択によって分化しますので、それぞれの集団で頻度を上げた配列は適応的であるといえます。

ただし、前述したように分断自然選択だけでは集団間の交配はなくなりません。では、分断自然選択と同時に分断性選択も起こっていたのでしょうか？　これを明らかにするために、それぞれの集団でオスの婚姻色を調べました。もし、それぞれの集団での物の見え方が分断自然選択によって異なっていたら、メスによって選択されるオスの婚姻色も異なると予想されます。果たしてその予想どおり、低い透明度の集団では、長波長側にシフトしたＬＷＳ視物質に感度よく受容される黄赤型のオスが高い頻度で出現しました。つまり、それぞれの集団で適応した視覚によりよく見える色が頻度を上げ、分断性選択により分化したと考えられます。このことは感覚器適応種分化のモデルとよく合致しています。ただしこの種の場合、中間の透明度の岩場が連続的に存在しており、高い透明度と低い透明度の集団の遺伝的交流は完全にはなくなっていないと考えられます。そのためこの例は、まだ種分化の初期段階にあると考えられ、現在の環境が安定的に続くか、中間の岩場の集団が減少すれば、完全な種分化に至るのではないかと考えられます。

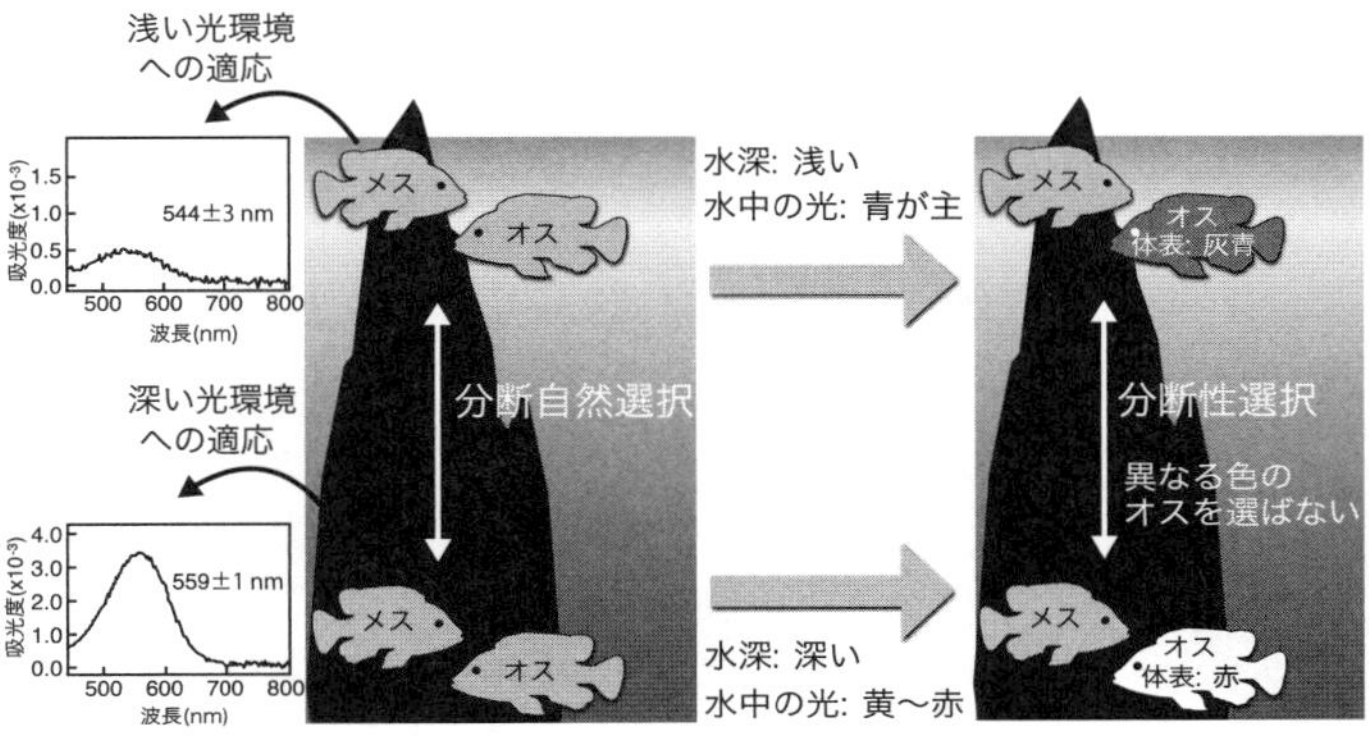

図4－7　深さの違いによる感覚器適応種分化

生息する水深の影響はあるか

次に、同じ岩場でも生息する深さが異なる二種のシクリッドを研究した例を紹介します。[23] ヴィクトリア湖の岩場では、浅場でのおもな光の成分は短波長側の青、深くなると長波長側の赤に変わります。ただしこの場合の〝深い〟は、一つの岩場での深さの違いなので数メートルの差です。この研究でも、透明度の違いの研究同様ＬＷＳ遺伝子を調べました（図4－7）。すると、それぞれの種に異なったＬＷＳの配列が固定していました。また、タンパク質の産生からそれぞれのＬＷＳ視物質を調べると、それぞれの吸収は浅場と深場の光環境に適応的でした。つまり、もともとは遺伝的交流のある集団が、分断自然選択によって深さにより異なる光環境に生息する種に分化していったことが伺えます。次に婚姻色を調べると、やはりＬＷＳ視物質に感度よく受容される青と赤に分化していました。このことから、それぞれの集団で適応した視覚によりよく見える色が頻度を上げ、分断性選択により二つの種へ分化していったと考えられます。この研究も感覚器適応種分化のモデルとよく合致し、感覚器適応種分化が起きたあとの二種を調べた例となりました。

最後の例は、ヴィクトリア湖の水面付近から最深部にそれぞれ生息する一〇種を用いた研究です。この研究の光環境への適応については第2章で説明済み（72ページ参照）ですので、その続きから説明します。それぞれの種の婚姻色を調べると、適応した視覚LWS視物質に感度よく吸収される光を反射する色、つまりよりよく見える色に進化していました（未発表データ）。そのため、この例もまた分断自然選択により視覚が分化し、分断性選択により婚姻色が分化するという、感覚器適応種分化のモデルによく合致していました。この研究ではとくに多くの種を一度に比較しており、それでもなお感覚器適応種分化と合致していることから、この種分化が五〇〇種にもおよぶヴィクトリア湖のシクリッドが誕生した共通の種分化の機構の一つであることを示しています。

序章では、地球上のすべての種は種分化の繰り返しによって生まれたと、その重要性を述べました。また研究を進めるなかで、種分化には共通の機構があるはずだと考えていました。シクリッドという限定付きではあるものの、共通の機構の一端を解き明かせたことで、自身の研究目標に近づいた実感を得ています。

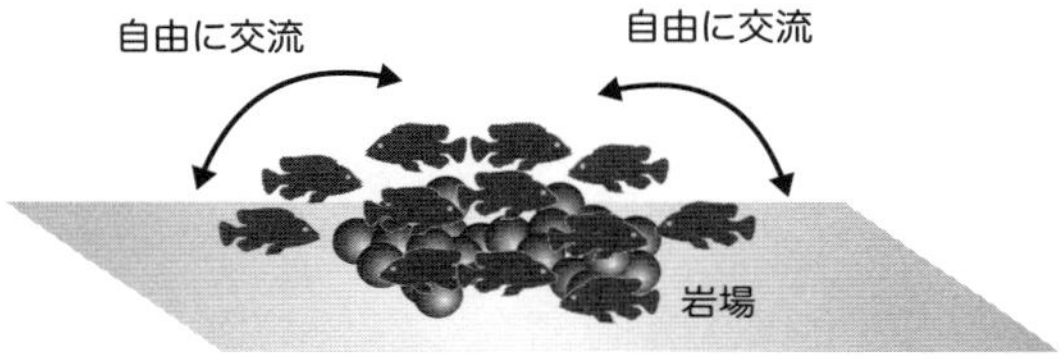

図4−8　同所的種分化の始まり

側所的種分化は多くの生物種で起こる可能性があり、実際に野生で起きていることも報告されています。これらのことから側所的種分化も異所的種分化と同様に一般的に起こってきており、生物多様性獲得の原動力となったと考えられます。

二　自由な遺伝的交流からの種分化

ダーウィン以来の難問

同所的種分化のモデルは側所的種分化に似ています。側所的種分化では二つの集団のあいだに、ある程度制限された遺伝的交流があり、その状態から分断自然選択や分断性選択によって集団間の遺伝的交流がなくなりました。同所的種分化では、最初の「ある程度制限された遺伝的交流」がそもそもない状態、つまり一つの集団がいきなり二つの集団に分断されることを仮定しています（図4−8）。初めの集団の中で個体は自由に交配を行っていますが、分断性選択もしくは分断自然選択により遺伝的交流のない二つの集団に分化すると考えられています。このモデルは物理的に隔離されていない場所で種分化が起こると考えられるため、「同所的種分化」と呼ばれています。ダーウィンが『種の起源』でその可能性を述べて以来、多くの生物学者が興味を持ち、とくに理論生物学者の数理モデルによる研究が活発に行われてきました[26][27]。

それでは実際に同所的種分化は本当に起こってきたのでしょうか？　野外観察から同所的種分化を示すために、これまでは異所的種分化の可能性を否定するという方法がとられてきました。異所的種分化の可能性を否定するためには、次の二点を証明する必要があります。

①ある種が同所的と呼べるような限られた範囲にその種の姉妹種（もっとも近縁な種）と生息しており、そこには物理的な障壁がないこと。

②姉妹種からの分岐は、その限られた範囲内で起きたこと。

しかし、実際にこれらを示した同所的種分化の報告でも、異所的もしくは側所的種分化であった可能性が高いと考えられます。とくに種分化の初めの状態で集団間の分化がなかったことを示すことができないため、側所的種分化の可能性を否定することは困難をきわめます。海洋の孤島に生息する近縁な種が、限られた広さの〝同所的〟と判断できる状況で種分化を起こしたとすれば考えやすいですが、実際には、孤島の中でも分化した集団を持ち集団構造を形成しているような種も多く報告されており、あまり広くない島で種分化したというだけでは、同所的種分化の証拠にならないと考えられます。

ヴィクトリア湖のシクリッドは、短い期間に〝同所的〟と判断されることがある湖の中で種分化を起こしてきたため、同所的種分化の例と考えられていました。しかし実際には、岩場に生息する種は定住性が強く遺伝的に分化した集団を形成しており[23]、物理的障害のない沖合性の種でさえも、同様に遺伝的に分化した集団を形成しています[28]。つまり遺伝的交流の限られた多くの集団が存在し、それらの種の集団から種分化が起こったとしても、同所的種分化（任意交配を行っている集団からの種分化）には当てはまりません。

証明困難な同所的種分化

もっとも〝同所的〟と考えられる種分化は、西アフリカの火山の火口湖の例です。この湖は〇・四九平方キロメートルの面積しかなく、流入河川は存在しません。しかし種として認識できる単系統の五種のシクリッドが生息しており、この湖のなかで最近種分化を起こしてきたと推定されています。また、このなかでもっとも近縁な二種は浅場と深めの湖底にそれぞれ生息しており、大きさにより同類交配をして二種が分化していることが報告されています。このため、この小さな火口湖で同所的に種分化した可能性が高いと考えられます[29]。しかし、これらの種は生息場所も生態も分化しているため、異なった環境に適応し分化した集団から種分化が起こった可能性も否定できません。また、シクリッドでは同様の種分化が他の火口湖でも報告されているのも面白い点です[30]。

同所的種分化の研究の問題点に、それぞれの研究者が研究対象の種の分布を〝同所的〟と判断して同所的種分化と特定することが挙げられます。それにもまして困難なことは、同所的と考えられる限られた範囲内で種分化が起こり始めたときに、集団間の遺伝的分化がすでにあったかどうかを知ることです。この問題を解決するために、同所的と考えられる範囲内で同所的種分化によって生じたと推定される現存の種に集団構造があるか、それとも任意交配をしている一つの集団なのかということを調べるとよいのかもしれません。もし、現存の種にも集団構造がないような狭い範囲で種分化が起こってきたのなら、同所的に種が分化した可能性も高いと思います。先に述べた火口湖の種それぞれについて、火口湖のなかで集団構造は存在せず、一つの種は任意交配をする一集団であることを示せれば、これらの種が同所的種分化を起こしてきた可能性となるのではないでしょうか。

ここまで述べてきたように同所的種分化によって生じた可能性のある種は、かなり限られた条件でしか見ることができないと考えられます。そのため同所的種分化は進化的にも稀な出来事で、もし起こっていたとしても、生物多様性の源となった多くの種分化のなかでは非常に少ない割合だったのではないでしょうか。

野外調査ファイル④

キューバでアノールトカゲを研究する～共同研究は重要だ！～

いきなりですが、共同研究は大切です。共同研究とは読んで字のごとく、研究者どうしが共同で研究をすることです。ほとんどの研究は単独で行うことはありません。アニメやアメリカンコミックに出てくるように、一人自宅で研究している人は、まずいないと考えてよいでしょう。どんな人でも、どこかで他の研究者とのつながりがあります。以前、「君は人間関係をうまく築けないから、研究者くらいしかできないよ」という言葉を聞いたことがありますが、これは真実ではないと思います。研究者は、他の研究者を尊重して大切にし、さまざまな人との良好な関係を築かなければよい研究はできません。また、研究をとおしてよい人間関係を構築しなければ、思いがけない野外調査のチャンスがめぐってくることもありません。このコラムで紹介するキューバのアノールトカゲの研究は、共同研究がきっかけとなって実現しました。

別世界、キューバ

アノールトカゲは、おもに中米に生息するトカゲの仲間です。体長一〇～三〇センチメートルほどであり、オスの扇のように広がる喉が特徴的で、キューバには全部で六三種が生息しており、そのほとんどがキューバの固有種です。キューバにはたくさんのアノールトカゲが生息していることは知っていましたが、私の研究からは縁遠い生物だと思っていました。ところがある日、シクリッドの視覚の適応を研究している関係で、東北大学の河田雅圭博士から「アノールトカゲのオプシンを見てみない？」と声をかけていただいたのです。その研究結果は未発表のためにくわしく書けませんが、アノールトカゲのオプシンを調べると面白いことが明らかになり、キューバでアノールの生息地の光環境を測定したいという思いを強くしていました。

そんな思いを募らせていたところ、河田博士から今度は「キューバに行かない？」という思いがけないお申し出。私の研究モットーは、対象生物の生息地に自分で行って直接見ることですので、この千載一遇のチャンスを逃す手はありません。二つ返事でお申し出を受けることにしました。ありがたいことに、面倒なビザ関係の手続きも共同研究のおかげでスムーズに進みます。また私には珍しく、自分で調査計画を立てない〝ついていく野外調査〟でもありました。

二〇一四年、カナダのトロント経由でキューバのハバナ空港に到着しました。ところが空港で預けた荷物が届かず行方不明。ハバナに一日多く滞在するはめになりました。ハバナの街にはクラシックカーが現役で走っていました。また郊外では馬車が主要な交通手段のようです。さらにはインターネットとは無縁の世界で、携帯電話もほとんどなく、一九六〇年代かそれ以

図C－9　キューバの乗り物

前にタイムスリップしたような感じでした（図C－9）。航空会社のオフィスへ行方不明の荷物の確認をしに行っても、端末の画面を見ながら「よくわからないねー。明日なら届くかもねー」とのんきな感じで、荷物番号の追跡もされていない様子。街中の建物は歴史を刻んだものが多く、進入禁止の太い金属のポールは大砲を再利用したものでした。

　インターネットは普及していないのではなく制限されているようでした。海外からの旅行者用のインターネット接続はホテルにはあるものの、かなり高額です。車を持つことや運転も許可制で、許可がなければ運転できないようです。ビールは二種類しかない一方で、ラム酒の種類は豊富です。キューバの研究者は「最近ジャガイモが売っていないんだよ」とこぼしており、農作物も何をつくるか政府の方針で決まるのでしょうか。

熱帯地方の食べ物は辛かったりエスニックだったりと想像しますが、キューバの食事はやさしい味付けです。とてもおいしかったのは豚肉をタマネギと煮込んでほぐし、やわらかいカレー状にしたもの。ご飯と一緒に食べます。これの牛肉バージョンもあり、こちらはタマネギの代わりにパプリカを使います。野菜は生で食べてもまったく問題はありませんが、切った生野菜が出てくるだけで、塩、コショウ以外に味をつけるものがありません。肉厚のアボカドは、日本では食べたことがないほどのジューシーさでした。

キューバの街中を歩いていたら、アメリカ、オーストラリア、プエルトリコなどと同じできごとに遭遇しました。「お金を貸して」「お金をちょうだい」と声をかけられたのです。これはおそらく場所も時代も関係のないことなのでしょうね。

アノール調査

今回のアノール調査の一番の目的は、陸上生物でも光環境への適応があるかを調べることです。そのためには環境に存在する光を測定しなければなりません。このときはまだバッテリー付きの分光光度計を持っていなかったため、ノート型パソコン、モバイル分光光度計、光ファイバーケーブルを用いた測定となりました（図C-10）。荷物を入れたリュックを背負い、左手にパソコン、その上に分光光度計、右手に光ファイバーケーブルを持って山中を歩きます。

測定機器

中央の暗い部分が森の中

図 C－10　光環境の測定とアノール

屋内用の装備をそのまま持って歩くので、雨が降るとビニール袋に急いで収納して機器を守らないといけません。

調査地に到着してさっそく林に足を踏み入れました。明るい外から林の内部を見ると、とても暗くてあまり入りたい気分になりません。しかし一歩足を踏み入れると意外に明るく感じます。これはたぶん目の慣れのせいでしょう。というのも、実際に光環境を測定すると、林の外の直射日光が降り注いでいるところでは、紫外線から可視光、赤外線までの幅広い光がとても強く存在していたのですが、林の中では光の強さは非常に弱くなり、また光も一部の波長だけがおもに届いていたからです。

このことから、林内と林外の光の強さと波長の違いによって、物の見え方がかなり違うだろうと予測されますが、実際に私たちヒトの眼で見てもそれほどの違いは感じません。これは、もともとヒトが林内と林外を移動しながら生活していたために、光環境が大きく変わっても見え方がそれほど変わらないように適応した結果かもしれません。では、一生を林内か林外で生活するアノールではどうなのでしょう？　両方の光環境に対応する必要がなくなるため、片方の光環境でよりよく見えるように進化している可能性があります。

林内を見慣れると、あちこちにアノールがいることがわかります。今回の調査に同行していただいたキューバのルイス博士とトニー博士は、さすがにプロだけあって簡単にアノールを捕まえていましたが、私は同じようにはできません。捕まえるときに、傷つけたらどうしようと考えて手のスピードと押さえる力にブレーキがかかり、アノールが手の下に入ってもササっと逃げられてしまうのです。

研究者目線で面白いと思ったのが、環境による種の分布の違いです。林の中の岩が露出したような小道には大木が生えません。すると林の中でもそこだけは日光が届きます。幅にして三〜五メートルくらいでしょうか。その日光が当たるところでは、林外に生息する種がおり、そこから二〜三メートル林内に入ると林内の種がいます。アノールの脚でも二〜三分あれば移動できるくらいの距離に生息していても、生息域は別なのです。生物の種の分布は、これほどまでに環境の影響を受けるのだと実感します。また、同じように見える林内でも、まったくアノールがいない場所もありました。何かが不足しているのでしょうが、何が違うのかまではわかりません。これも環境の影響なのでしょうか。

アノールのオスは喉の皮膚が伸びるため、扇状に開くことができます（口絵⑦）。この部分を専門用語で「デュラップ」と言います。この喉の皮が色鮮やかで、デュラップを広げて個体間のシグナルとして用いているのです。

アノールはさまざまなところに生息しており、海岸近くのサンゴ礁が風化した土地の上の森や、乾燥地帯、鬱蒼と茂る熱帯雨林などで見つかりました。小川のある公園に行ったときに、水に潜るアノールがいるとのことで探したものの、すぐに水に潜られてしまい見つけられませんでした。また、洞窟の中に生息する種がいると聞き、視覚が面白そうだとその場所に近づくと、すでにルイス博士が二個体を捕まえて戻ってくるところでした。唯一アノールを見つけられなかったのは、サンゴが風化して灌木《かんぼく》とサボテンしか生えていない乾燥したところで、大きなイグアナだけがいました。余談になりますがキューバに近いプエルトリコでは、ホテルの庭にもアノールがたくさんいました。

クラウンジャイアント

木の葉で眠るアノール

図C－11　アノールの夜間採集

夜間調査

キューバでの一日は、朝八時くらいに集合して調査地に行き、お昼は弁当で済ませ、夕方にホテルに帰って夕食、それからさらに夜間調査というスケジュールでした。夜間調査を行ったのは、アノールは夜眠っており、見つけることができれば簡単に捕まえられるからです（図C－11）。キューバの夜は、日本のように都市の明かりで薄明るくはなく暗闇です。キューバには毒ヘビがいないため夜間でも安心できます。夜だと水辺の種も眠っているので簡単に捕まえられたようでした。ルイス博士はキューバの爬虫類の本を作製中で、あと数種類の写真を撮ると全種揃うと、レアな種を探していました。実際に大型のヘビの仲間（ボアだったと思います）の世界最小サイズの種を初めて捕まえていました。このときに初めて、ヘビは臭いということを思い知らされました。日本でシマヘビ、アオダイショウ、ヤマカガシを捕まえても臭いと思うことはなかったのですが、そのヘビはかなり独特な臭いを放っていたのです。

夜間、アノールは葉の上で寝ています（図C‐11右）。見つけるのも難しくなく、私にもできるほど捕獲も容易です。夜間の森の中は、日中は見ることのない生物を目にします。何か音がする気がしてライトを上げると、暗闇の森の中を鳥が飛んでいました。木の上のほう（樹冠）には「クラウンジャイアント」と呼ばれるタイプの大型のアノールの種が生息しています（図C‐11左）。日中は見つけるのが難しいですが、夜間だと見つけられます。ルイス博士が発見し、その辺りに落ちている太く短い枝を拾って数回投げて見事にヒット。大型のアノールを捕獲できました。実物を間近で見ると、大きさにも圧倒されますが、同じアノールの仲間でこれだけの形態の差があることのほうが驚きでした。

アノール以外の生物

キューバで印象的だった生物はオカガニです。林の中を歩いているとたまにガシャガシャと音がします。何かと思って見ると、最大で甲羅の幅が二〇センチメートルくらいあるオカガニがたくさんいて、個体どうしがぶつかるのか、関節が鳴っているのか、音を出していたのです。基本は日本のサワガニのブルータイプのような淡い青をしていますが、なかにはオレンジと褐色のストライプが入った個体もいます。

夜明けごろには、飛んでいる小鳥を攻撃しているコウモリのような飛び方をする何かがいました。近くにいたルイス博士に「あれはコウモリ？」と聞くと「ガ」だとのこと。まさか昆虫のガが小鳥を攻撃するとは思いもしませんから驚きです。ほかには世界最小のハチドリ（世界最小の鳥？）もいて、「これから行くところにはビー・ハミングバードがいるよ」と教えてもらったときに、日本語だと蜂ハチドリになるので、ちょっと面白いネーミングだなと一人微笑んでいました。ちなみに日本ではマメハチドリの名前で知られています。

私は学生のときからの趣味で、ブロメリアと総称されるパイナップル科の植物を栽培しています。日本でよく知られているブロメリアの仲間にはエアープランツがあります。エアープランツとは *Tillandsia* 属の植物の総称で、土がなくても育ちます。キューバに行くときに、密かに楽しみにしていたのが、野生のブロメリアを見ることでした。キューバに行けば、いたるところにエアープランツが着生しているのではないかと考えていたのですが、ハバナではまったく見かけることはありませんでした。しかし、アノールの調査に出かけると木の上に大量にエアープランツが着生しており、しかもどれも巨大です。また、森の中では地上性のタンクブロメリア（中心に水を貯めることができる）や、枯れた大木の上に一・五メートルを超える大きなタンクブロメリアが数多く着生しており、見ているだけで楽しくなってきます。着生植物を見ていて気づいたのは、雨の多い森の木にツタのように絡まるサボテンがついていることでした。サボテンは乾燥地帯で、葉を棘に進化させて乾燥を防いでいるのだと思っていましたが、雨量の多い森にもかかわらず他の植物に絡まりながら生育していました。雨量に適応しても、棘は棘のままだというところが不思議です。

　キューバでもっとも印象的な生物は蚊でした。インドネシアでもアフリカでも絶大な効果を発揮してくれた虫除けジェルが、キューバの蚊にはまったく効きません。しかも蚊の密度がこれまで経験したどこよりも高いのです。環境光測定のためのノートパソコンの画面が見づらくなるほど目の前を乱舞していました。また羽音もすごく、耳の周りで絶えず音がしているので、タオルを頭から耳までかぶって防がなくてはなりません。私は野外調査の際には、厚めのフリース生地のシャツを着て蚊を防いでいます。この生地だと蚊が刺せないからなのですが、靴下だけがふつうの布だったため靴下の上から刺され放題でした。幸いなことにキューバではマラリアが流行しておらず、またデング熱も都市部だけの流行だったようなので、病気にはならずに済みました。

　これまで私が知らなかったキューバという国でアノールの調査ができたのは、共同研究のおかげでした。繰り返しになりますが、大部分の研究者は一人で黙々と研究をしているわけではなく、多くの研究者とよい関係を築いて共同研究によって研究を進めています。もし市民講座などで、研究者から最新の成果を聞く機会があれば、気軽に質問をするとよいと思います。普段から社交的に人と接することに慣れているはずですから。

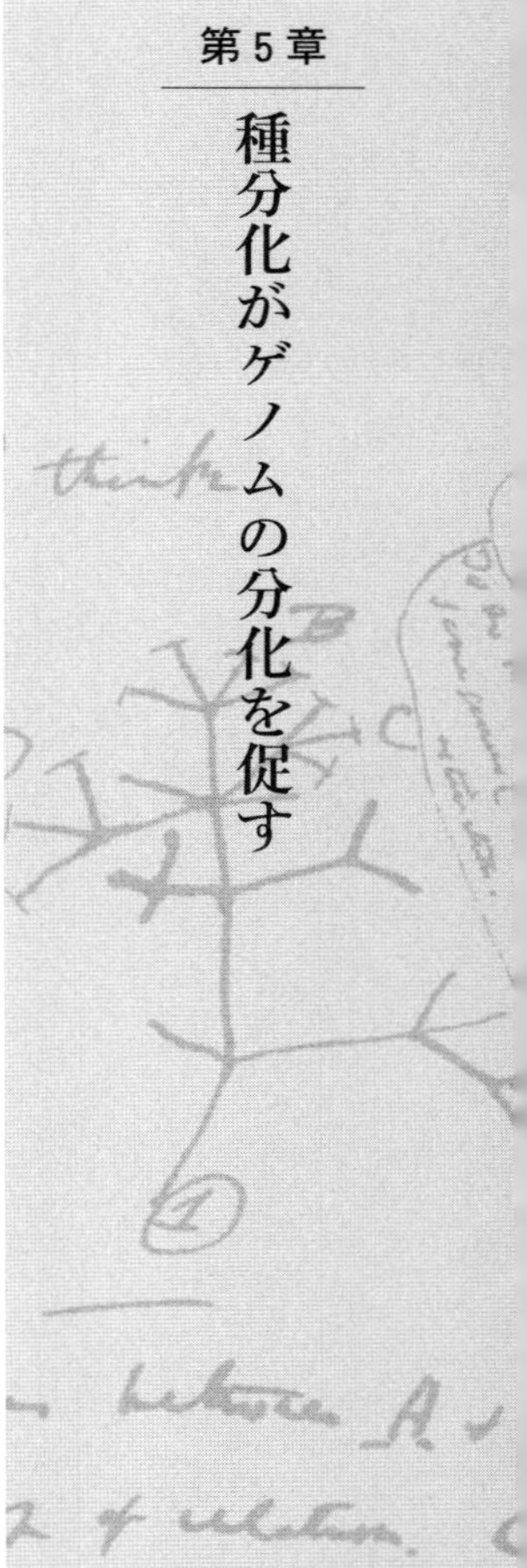

第5章 種分化がゲノムの分化を促す

「はじめに」で、研究の失敗に見えるようなネガティブデータから閃いて、種分化の研究を始めたと述べました。このネガティブデータは、ゲノム中の種分化に関係しない領域を調べた結果だったわけですが、その結果を使えば、種分化に関係する領域を見つけることができるかもしれない――。この章では、この発想から進めた研究を見ていきます。

一　種間の遺伝的な近さと種特異的な変異

多くの生物の種間の関係で見られるのは、種分化してから十分に時間が経ち、次の種分化が起こり、さらに時間が十分に経ってまた種分化する……というように、種と種のあいだが遺伝的にある程度離れている場合です。このような場合、中立的な変異――その変異を持っていてもいなくても、個体の表現型には影響のない変異――が起きたあとに、どのように集団内に広がるのでしょうか。

中立的な変異が起きると、多くの変異は第1章で述べたように、遺伝的浮動（偶然）によって消えてしまうか、集団内に完全に広がって固定する（集団中の個体全員が持つ）かが決まります。種と種の関係が遺伝的に十分に離れていると、変異が起きて集団中に固定することが数多く起きます。このような場合、ゲノム中のある領域の一〇〇〇塩基の配列を調べると、一つの種では一〇個体すべてが同じ配列、別の種では一〇塩基に違いがある配列がその種の一〇個体ですべて同じということになります。つまり、種特異的な塩基置換が一〇塩基であったことになります。具体的には、ヒトとチンパンジーは平均で一・三％塩基配列が異なるとことは前述のとおりですが、これはゲノムから任意に一〇〇〇塩基の配列を持ってくると一三塩基の違いがあることを意味します。このように種特異的な塩基置換があれば、DNAを使って種を見分けることもできますし、分子系統解析により種がどのような道筋で進化してきたかも明らかにできます。

しかし、二種が遺伝的に近すぎると話は難しくなります。変異が起こってから十分に時間が経っていないと、その変異は固定していない状態でどちらの種にも分配され、どちらの種も多型でその変異を持つのです。そうすると、変異を持つ個体どうしが近縁になるため、種とは関係なく、ある種の一個体は同種の他個体より別種の個体のほうが近縁である、というような間違った解釈ができてしまいます。いまの例では、二種が非常に近縁で種間の関係をDNAの塩基配列では推定できないということでしたが、さらに多くの種が短期間に種分化しているともっと複雑になります。変異が起こってから多型の状態で種分化が起こり、次いでどちらの種もまた種分化し、そしてさらに種分化し……となると、2×2×2＝8となるので、八種が同じ変異の多型を持つことになります。そうすると八種とは無関係に、八種のなかで変異を持つ個体が近縁だということになってしまいます。八種が全部、形態的に明瞭に異なり、野生下ではどれも種間では交配せず、形態学的にも生物学的にも独立した種だということがわかっていても、DNAからは区別できないのです。しかし、はたしてそれほど短期間に繰り返し種分化をしてきた生物の種などいるのでしょうか？

ふたたびヴィクトリア湖のシクリッド

ヴィクトリア湖は広大な面積をもちますが、最大水深七〇メートル程度でそれほど深くないことは第2章に述べたとおりです。この浅さのせいで、一万四〇〇〇年ほど前には完全に干上がったことが放射性年代測定によって明らかにされています[31]。現存の五〇〇種にものぼるヴィクトリア湖固有のシクリッドの種は、湖が干上がったあとにふたたび水で満たされ、その後の短期間に種分化を繰り返すことで誕生してきたと考えられています。短期間がどの程度の年代なのかは推定するしかありませんが、おそらくは一万年程度ではないかと思います。一万年前といえば、人類が作物の栽培を始めた時期にあたります。この期間に河川から流入した祖先集団が五〇〇種にも種分化したことを考えると、種分化は条件さえ揃えば非常に短期間でも起こりうることがわかると思います。

種分化研究の糸口とそこからの発展

私は大学院生の終わりごろに、DNAを用いてヴィクトリア湖のシクリッドの系統関係を明らかにしようとしていました。そのときに用いていたのが、ヴィクトリア湖の種を一〇種と、周辺河川に生息する、湖の種の祖先集団に近いと思われる集団でした。これらの種のDNAをまずは一種で調べると、ある変異を持っていたりいなかったりする多型であることがわかました。別の種で調べてもやはり多型で、次の種でもやはり多型……と続きます。ここから一種が持つ変異の多型が他の種でもみな多型なのですから、種間の関係をまったく表していません。ほかの変異を調べても、やはり全種で多型、次の変異を調べてもやはり多型という結果で、さらに河川の祖先集団に近縁と予想される集団でも多型だったのです。ここまでの結果から、変異は祖先集団で多型、種分化したあとのヴィクトリア湖の種でも多型ですから、祖先から種分化後まで変異は多型のままで、系統関係の推測はきわめて困難ということがわかります。

それでも、「祖先集団から多くの種になったときに、何も変わらなかったはずはない。DNAのどこかが重要なはずだ」と考えました。そして次に閃いたことは「種分化に重要で種分化に関わったDNAの変異は、種間で異なる塩基であり、どの種にも固定しているのではないだろうか?」ということでした。簡単にいうと、ある遺伝子の一つの変異が種1のどの個体を調べてもAであり、種2のどの個体を調べてもGである、ということです。つまり、中立進化の変異は二種とも多型で存在しているが、種分化に関わり自然選択、もしくは性選択の選択圧を受けた変異はそれぞれの種で固定しているはずである、そしてそれらの選択圧を受けた変異こそ種分化に関係している、と予想したのです(図5-1)。そのような変異を含んだ遺伝子を見つけることができれば、その遺伝子を調べることにより、種分化研究の糸口がつかめるのではないか。

だったら種内に固定された変異を探そう! となるわけですが、シクリッドのゲノムが解読されたのは、それから一四年後ですので、そう簡単にはコトが運びません。何よりも博士論文を書かねばならず、研究を始めるのは博士論文審査会の次の日と決めました。

種分化に関係する変異は、ゲノムの中に一〇〇〇塩基あるかもしれないし、たった一〇個しかないかもしれないわけですから、すべてが暗中模索です。博士論文を書き終えて研究を始め

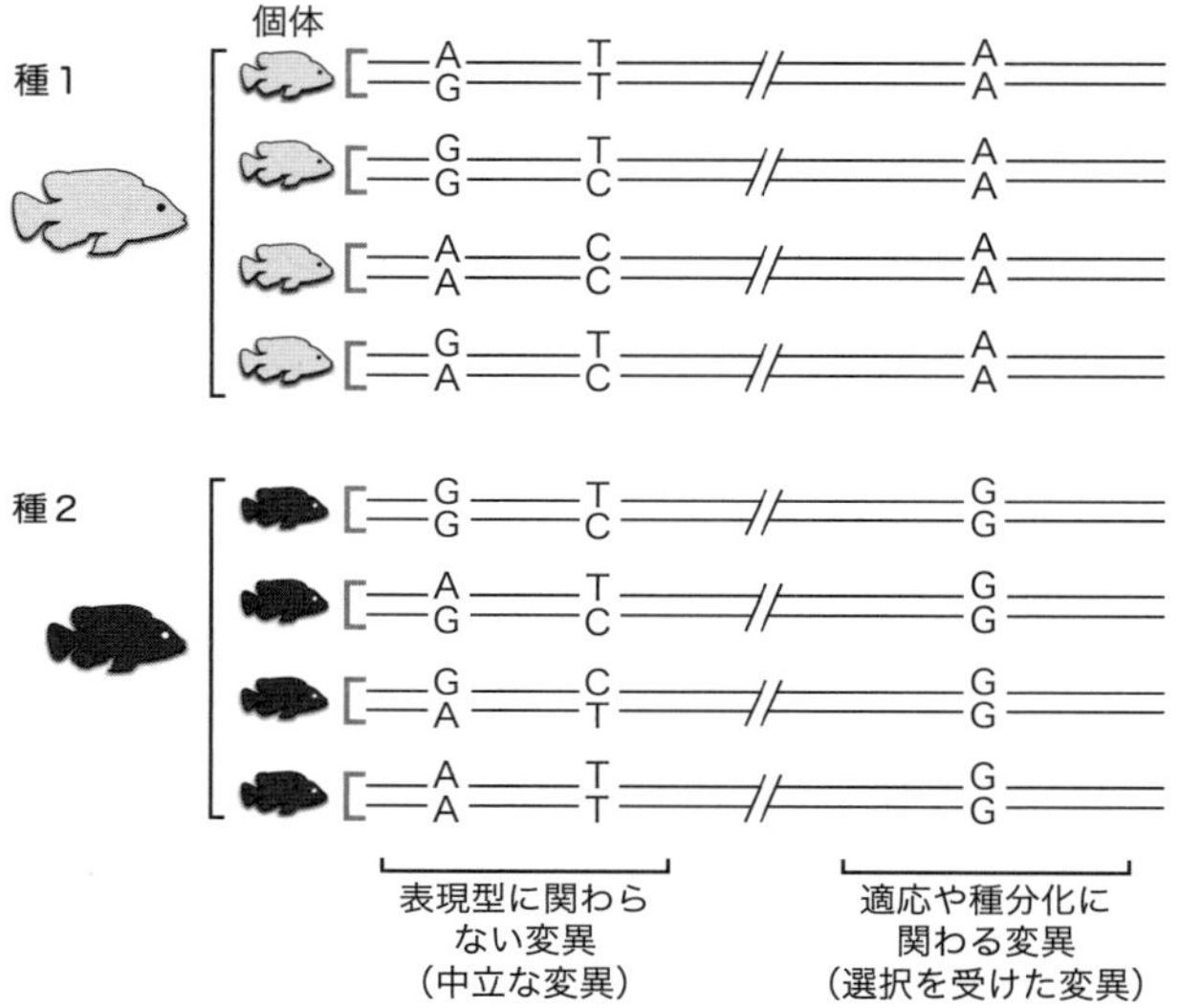

図5－1　きわめて近縁な種間での中立的な変異と選択を受けた変異

るということは、博士課程を終えて卒業後に種分化の研究を始めるわけですが、じつは大きな賭けでもありました。たった一〇個しかない種分化に関連した変異を見つけることができず、研究成果なしに二〜三年間過ごしたら、それはもう研究の世界では生きていけないということを意味します。堅実に結果の出る研究をするか、それとも自分が本当にやりたい研究をするか、という選択になるわけですが、迷いはありません。

最初は適応や種分化に関係しそうな遺伝子の候補として、顎と歯の形態形成遺伝子、体表模様形成遺伝子、視覚関連遺伝子を選びました。体表と視覚は性選択に関わるから、顎や歯の形成遺伝子はシクリッドがこれらの形態を食性に適応させていたからです。マウス、ゼブラフィッシュなどのモデル生物で役割が明らかにされている遺伝子から候補の遺伝子を選び、配列が保存されている領域にプライマーと呼ばれる短い一本鎖DNAを作成してPCR法によってシクリッドの相同遺伝子（起源の同じ遺伝子）を単離するという、手間のかかる方法で一つ一つ遺伝子を調べることにしました。その結果、色覚に関わるLWS遺伝子の配列が種間で異なり、種内では固定されているという、当初の予想どおりの遺伝子として単離されました。その数年後には、RH1遺伝子が二つ目の種間で配列が異なり、種内では固定されている遺伝子として単離されました。とくにLWS遺伝子を種分化に関与した候補遺伝子として単離したことで、種分化研究の糸口をつかむことができました。

このようにして明らかにした種分化に関与した候補遺伝子の変異や配列から、「どのように種分化が起こるか」を推定することはそれほど難しくはありません。しかしそれでは、「もしかすると、このように種分化が起きたかも……」という、とても根拠の弱い推定しかできません。そのため、さらに種分化の機構に踏み込むには、別の解析が必要となります。かといって、別の解析をする技術も経験もない私は、共同研究先の研究室で必要な実験手法の教えを乞うことにしました。そのようにして習得した実験技術がオプシンの機能解析です。この解析では、培養細胞を使ってオプシンのタンパク質をつくり出し、発色団のレチナールと混ぜて視物質を再構築したあとに精製し、特殊な分光光度計で視物質の吸収を測定します。それまで私は培養細胞を扱ったことがありませんでした。さらに実験中に光を当てると失敗するので暗闇で実験を行います。すべての作業が初めてのことばかりで、実験と解析がうまくできるようになるまでに二年を要しました。

このようにしてDNAの塩基配列の違いであった結果を、タンパク質の機能が実際にどう異なるのかというレベルまで高めたことで、「もしかすると」という推定を「可能性が高い」というレベルに引き上げ、第4章で説明した側所的種分化の機構を明らかにできたのです。

二　種分化に関連するゲノムの領域の探索

種分化に関連する遺伝子の発見はできましたが、その方法は候補遺伝子のアタリをつけて調べるという、研究者の能力に強く依存するものでした。それで運よくLWS遺伝子を見つけはしたものの、「ゲノム全体にはいったいいくつくらい同じように種分化に関わった遺伝子があるのだろう?」という疑問は残ります。

分析技術の進歩により、次世代シークエンスという手法が開発され、いろいろな生物のゲノムが解読されるようになりました。そのような生物の一つがおなじみのシクリッドでした。シクリッドのゲノムは、河川産から一種、タンガニイカ湖から二種、マラウイ湖から一種、ヴィクトリア湖から一種の計五種が解読され、ヴィクトリア湖のシクリッドは、どの種間の関係も非常に近縁なので、解読されたゲノム情報を参照配列（ゲノム配列の基準）の情報として用いることができます。ようやく「ゲノム全体で種分化に関わる遺伝子はいくつか？」という疑問の探求を始められます。

変異を受けたゲノム領域の探し方

種分化に関わる遺伝子は、種間では異なり種内では固定している変異を含むことはすでに述べたとおりです。ゲノム全体で予想すると、ゲノムの大部分の領域は二種間で違いがなく（図5－1の中立な変異、図5－2Aの中立の領域）、少数の領域だけが自然選択もしくは性選択を受けてきた変異を持ち、二種間で配列が異なることが予想されます（図5－1の選択を受けた変異、図5－2Aの種分化や適応に関わる領域）。このことをグラフを見ながら考えてみましょう。

図5－2Aではゲノム上の位置を横軸に、二種間のゲノムの分化の程度を縦軸にとっています。図5－1の中立な変異が存在する領域は、図5－2Aの中立の領域で表されます。なぜなら、中立な変異は二種間で頻度があまり変わらず、分化の程度が低いからです。しかしグラフ

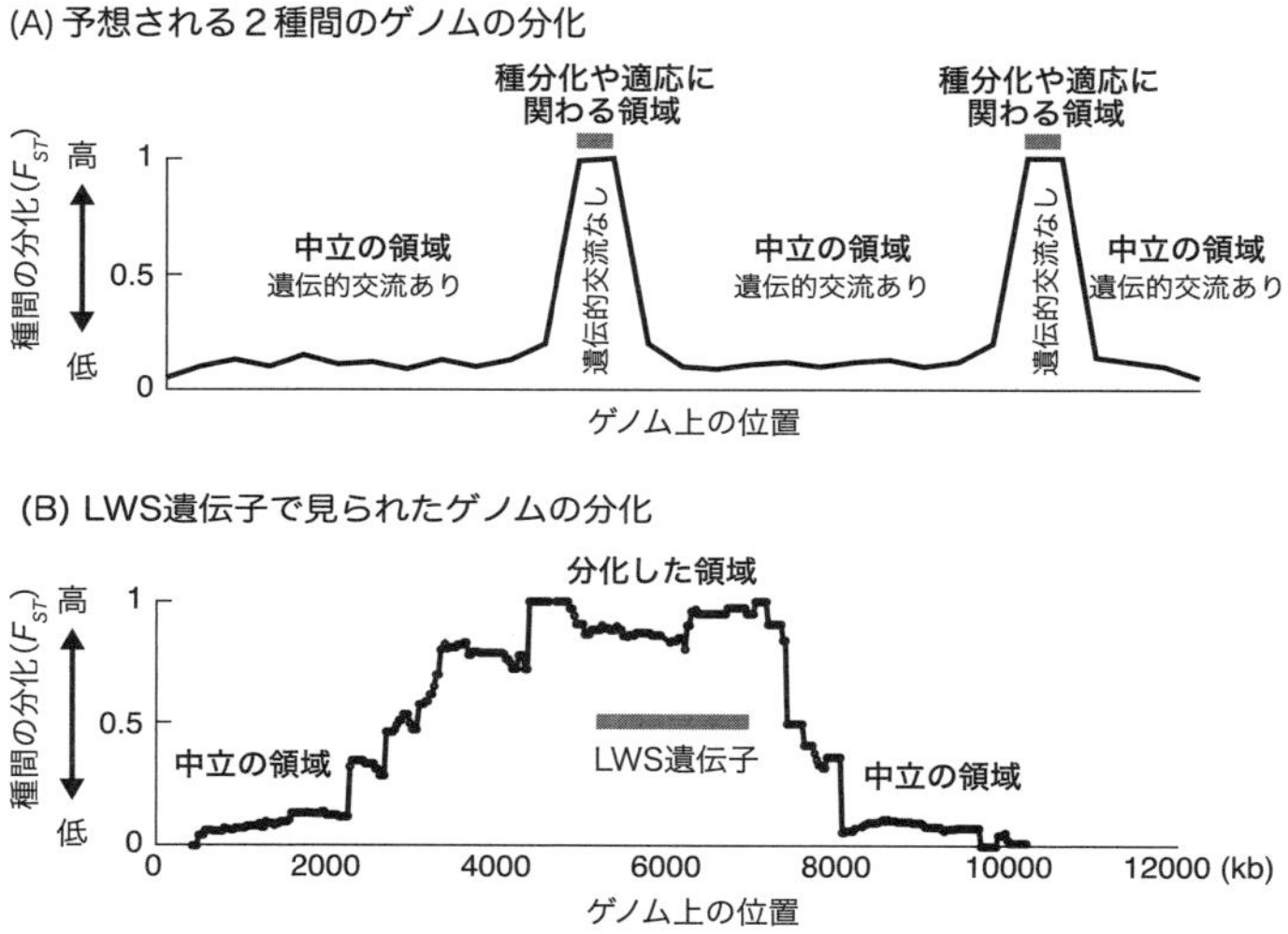

図5－2　2種間のゲノムの分化　文献25を改変。

にはピークがあります。このような領域は二種間の分化の程度が高い、つまり図5－1の選択を受けた変異のように二種間で完全に異なる変異が存在しています。このグラフで示すように二種間で区別がつかないほど分化していない領域と、完全に異なって分化している領域が存在すると予想されます。

次にこのように二種間の同じ染色体上であっても、なぜ種間で頻度差がない場合や配列が完全に分化している場合があるのかを簡単に説明します。図5－1の種1と種2が交雑し、その交雑個体がさらに種1の個体と交配したとします。その場合、種2の持つ変異が種1に移ることになりますが、図5－1の中立な変異は種1に移っても表現型に現れないので問題ありません。しかし、種2の選択を受けた変異は、Aが適応的である種1にGが移ると、Gを持つ個体は適応的ではなくなり、生き残ることができません。つまり、中立な変異は種1と種2のあいだを自由に行き来することが可能ですが、選択を受けた変異は異なる種に移動すると除かれてしまうのです。そのため、選択を受けた変異は交雑があっても種特異的に維持され、中立な変異の存在する領域は二種間で区別がつかなくなります。中立な変異のある領域と選択を受けた変異のある領域は、一本のDNAの上の近い位置に存在していることもあります。このような場合、中立な変異と選択を受けた変異の組み合わせは変わらないように思われます。

このことを図5－1で考えてみましょう。一番上の個体の一番上の線は一つの染色体、つまり一本のDNAを表します。中立な変異はAとT、選択を受けた変異はAであり、この組み合わせは変わることがないように思えますが、実際には配偶子を形成する際にDNAとDNAの「組み換え」が起こるため、この組み合わせは変わることができます。組み換えがあるために行き来ができない選択を受けた変異に制限されることなく中立な変異は二種間を行き来することが可能となります。その結果、図5－2Aのグラフのように、分化したピークと分化していない平地に分かれると予想されるのです。

このような予想が実際の種に当てはまるかどうかを明らかにするために、すでに適応と種分化に関わると明らかにしたLWS遺伝子とその周辺の配列を調べました。すると予想どおりに別々の光環境に適応した集団間でLWS遺伝子の部分だけが分化しており、周辺の配列は分化の程度が低く集団間で区別がつきませんでした[25]（図5－2B）。これは、LWS遺伝子が適応と種分化に関係があるとわかっていたために行うことができた解析ですが、逆にゲノム全体で同じような解析を行うことができれば、LWS遺伝子のように分化した遺伝子を見つけることができます。そしてそのようにして見つけられた遺伝子は適応や種分化に関わってきた可能性が高く、見つけられた遺伝子の機能から、どのようにして種分化が起きてきたかを推定することが可能となります。しかし、この解析を行うには解析する種を慎重に選ぶ必要があります。なぜなら二種間が遺伝的に非常に近縁であると、解析がうまくできるからです。

シクリッドでの探索

私が着目していた形質は視覚と婚姻色でした。そしてそのために選んだのは *Haplochromis pyrrhocephalus* と *H.* sp. 'macula' の二種です（便宜上前者をパイロ、後者をマクラと呼びます）。この二種は非常に近縁であり、物理的障壁のない浅い砂泥地に生息しますが、パイロが橙でマクラが赤の婚姻色を呈し、パイロがプランクトン食でマクラが藻類食、パイロは夕方に水面付近に移動して夜間プランクトンを捕食するがマクラは昼行性というように、生態が異なります。

隔てるものがない同じ場所に生息し、婚姻色が似ている種を選んだ理由は、低頻度の交雑があると期待したからです。くわしくは後述しますが、低頻度の交雑があると種分化に関わった遺伝子がより検出しやすくなります。個体数は一種あたりオス一〇個体、メス一〇個体の計二〇個体、二種の合計で四〇個体となります。この個体数を用いて全ゲノム解析を行いました。

まずはゲノム全体で、この二種がどれほど近縁であるかを調べました。その結果、ゲノム情報から二種にはほとんど違いがないことが示されました。つまり、ゲノム中のほとんどの変異は図5‐1の中立な変異のように二種で共有されていました。しかし、二種は特徴的な形態と生態を持っている別種なので、ゲノム中のどこかが異なるはずです。また、その異なる場所には二種の違いをつくる遺伝子が存在するはずです。そこで次に、そのようなゲノム中に存在する二種間で分化した領域を探しました。ゲノム全体から探すべき領域は、①その領域に存在する多型の座位（ゲノム中のそれぞれの塩基の位置）がどれも二種間で頻度の差が大きく、②その領域に種間では異なり種内では固定している変異を含む、という二つの条件が揃った場所です。それはたとえば、一万塩基対（一〇kbp）の領域に多型の塩基がたくさんあり、それぞれの頻度がパイロで八〇％、マクラで二〇％とか、パイロで一〇％、マクラで九〇％のように大きく異なっており、その領域にパイロが一〇〇％、マクラが〇《ゼロ》％のように種間で配列が違い、種内では固定されている変異（図5‐1の選択を受けた変異）を含んでいる領域です。この予想から推定されるグラフは、図5－2Aのようにゲノム中の一部分だけが二種間で高く分化していていてピークをつくり、残りの大部分のゲノム領域は低い分化を示すようになると考えられます。

実際にゲノム全体で、二種間で分化した領域を探索したところ、わずか二一領域だけが見つかりました。そのうちの四つを例として図5－3に示します。これらの四つのグラフはそれぞれゲノム中の別の位置に存在しますが、どれも図5－2Aで予想したグラフに類似していることがわかります。そして図5－3の一段目のグラフではピークの位置にLWS遺伝子が含まれています。ほかの三つのグラフでもピークの位置に概日リズムや網膜形成、低酸素適応に関係する遺伝子が存在しており、適応や種分化に関係があると予想されました。そして、もっとも驚いたことは、このように二種で分化した領域がゲノム中にたった二一箇所しか存在しなかったことです。

図5－2Aに示したように、図5－3でピークが現れるということは、二種間の交雑と元の種の個体との交配がある程度の頻度で起こってきたと考えられます。パイロとマクラは現在も低頻度で交雑している可能性があるとの予想から、解析に用いましたが、その理由を理解していただけたと思います。

ゲノム全体で種分化関連領域は二一領域でしたが、ゲノム解読がまだ完全ではないこと（七

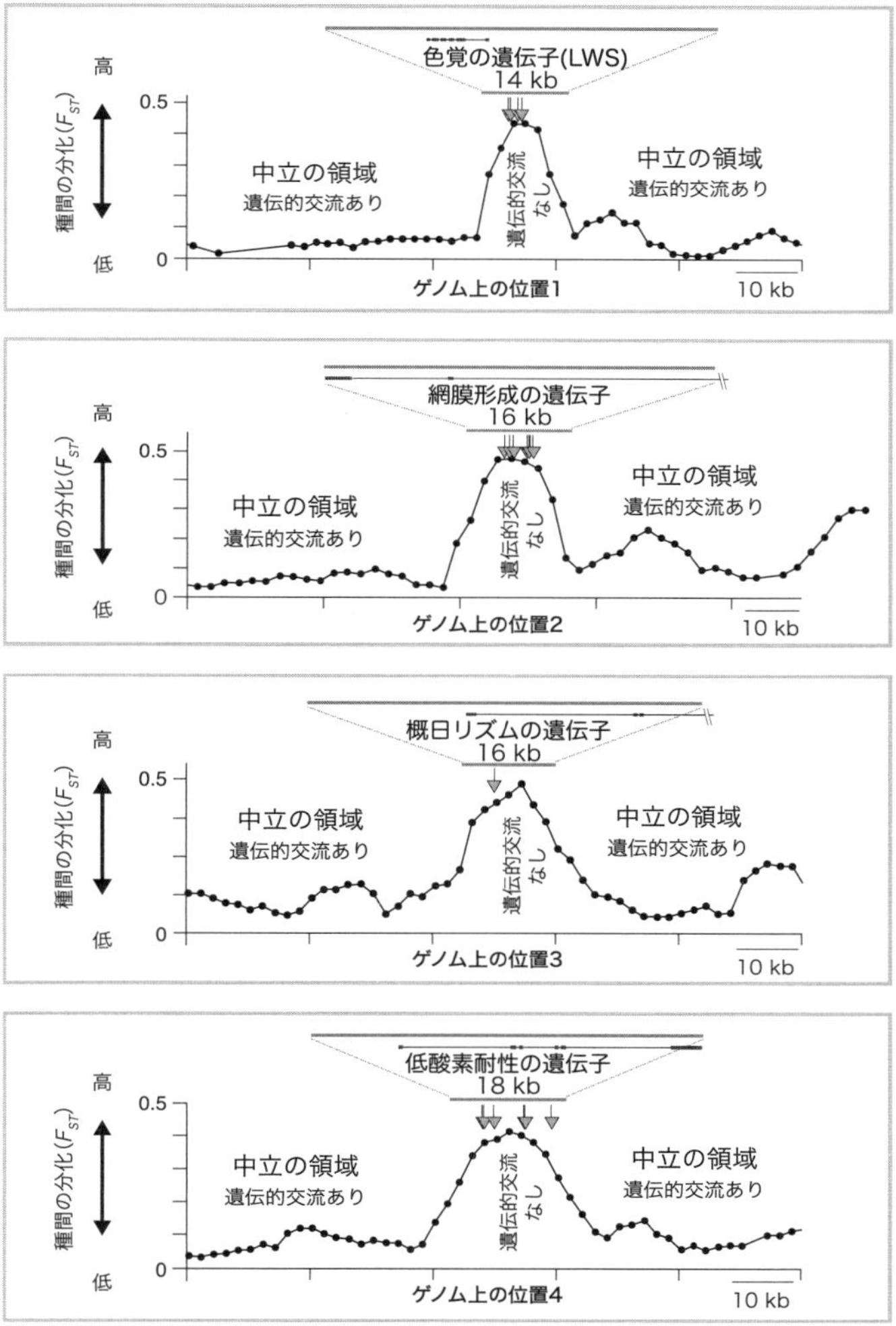

図5－3　2種間で実際に分化した領域　文献32を改変。

割程度）を考慮すると、実際はもう少しこのような領域が増えると予想されます。三〇弱程度でしょうか。これら三〇の種分化関連領域だけをパイロとマクラで入れ換えると、どうなるか。この三〇領域以外は二種でほぼ同じですので、たぶん二種が入れ換わると予想されます。これほど少数の領域の違いが二つの種の違いをつくっているとは、大いなる驚きです。

このゲノム全体を用いた解析から、私が最初にＬＷＳ遺伝子を種分化関連遺伝子として単離したことが、いかに幸運だったかということを改めて実感しました。一〇億塩基対からなる全ゲノム中からＬＷＳ遺伝子に含まれていた一〇塩基以下の、種間で異なる変異を見つけたのですから。経験と勘だけでなく、強運に恵まれていたと思います。

種分化に関する領域に含まれる遺伝子とその役割

探索された二一領域の長さは一四〜二八ｋｂｐ（一万四〇〇〇〜二万八〇〇〇塩基対）の短さでした。これらに遺伝子が含まれているか調べたところ、種分化に関わったのではないかと予想される遺伝子が、少なくとも一五領域で存在していました。それぞれの役割を簡単に紹介していきます。

・すでに何度も登場しているLWS遺伝子。おさらいになりますが、この遺伝子は色覚を担う視物質のタンパク質成分のオプシンをコードしています。そして、LWS視物質は視覚の光環境への適応と、婚姻色の知覚に重要です。これまでのヴィクトリア湖シクリッドを用いた種分化研究の主役でした。
・次に、パイロは夜に活動しマクラは昼行性だと説明しましたが、それに関係する遺伝子。夜活動するパイロは、眼の視細胞の大きさが他の昼行性の種に比べて大きいことが知られています。そして網膜の形成に関わる遺伝子が二一領域の一つに含まれていました。また、夜活動するためには昼行性に比べて一日の活動リズム（概日リズム）が違うことが予想されましたが、二一領域の一つにこのリズムを調節する遺伝子が含まれていました。
・パイロとマクラは形態が違います。とくにパイロは遊泳性で細長い形態をしています。そして、二一領域にはヒレを動かす筋肉や脳などさまざまな形態の形成に関わる遺伝子が複数含まれていました。また婚姻色など性的二型の形成に関与する遺伝子も存在しました。
・パイロはプランクトン食、マクラは藻類食ですが、藻類はプランクトンに比べ消化が困難だと予想されます。多くの脊椎動物では腸内に細菌がおり、消化を助けていることが知られています。その腸内の細菌の種類や量を決めることに関わる遺伝子が、二一領域の一つに含まれていました。

• 実験室でパイロとマクラを飼育していると、マクラは二年くらいで年老いてくるのがわかるのですが、パイロは四年を超えても卵を産みます。これらの種の寿命について正確な記録は報告されていないものの、私が飼っている個体では明らかに寿命の違いが見られます。そして、寿命に関係していると予想される遺伝子の一つが二一領域に含まれていました。
• 次の遺伝子の重要性については、私が注意を払っていなかったこともあり、遺伝子の機能を調べてから初めて気づきました。パイロとマクラのどちらが、より厳しい低酸素の環境に生息しているかは報告されています。ヴィクトリア湖は慢性的に低酸素状態になっていることがわかりませんが、低酸素への耐性と血中二酸化炭素濃度の感知に関係する遺伝子がそれぞれ二一領域に含まれていました。

このように、ゲノム全体を用いた種分化関連領域の探索から、種分化に関わることが予想される遺伝子が数多くでてきました。この解析は次世代シークエンスという最新の方法を用いたからこそ可能となりましたが、その根底にある原理は大学院生の終わりのときに考えたものと変わりはありません。ここで説明した数多くの種分化への関与が予想される遺伝子から、パイロとマクラという二種の種分化の全体像が見えてきました。

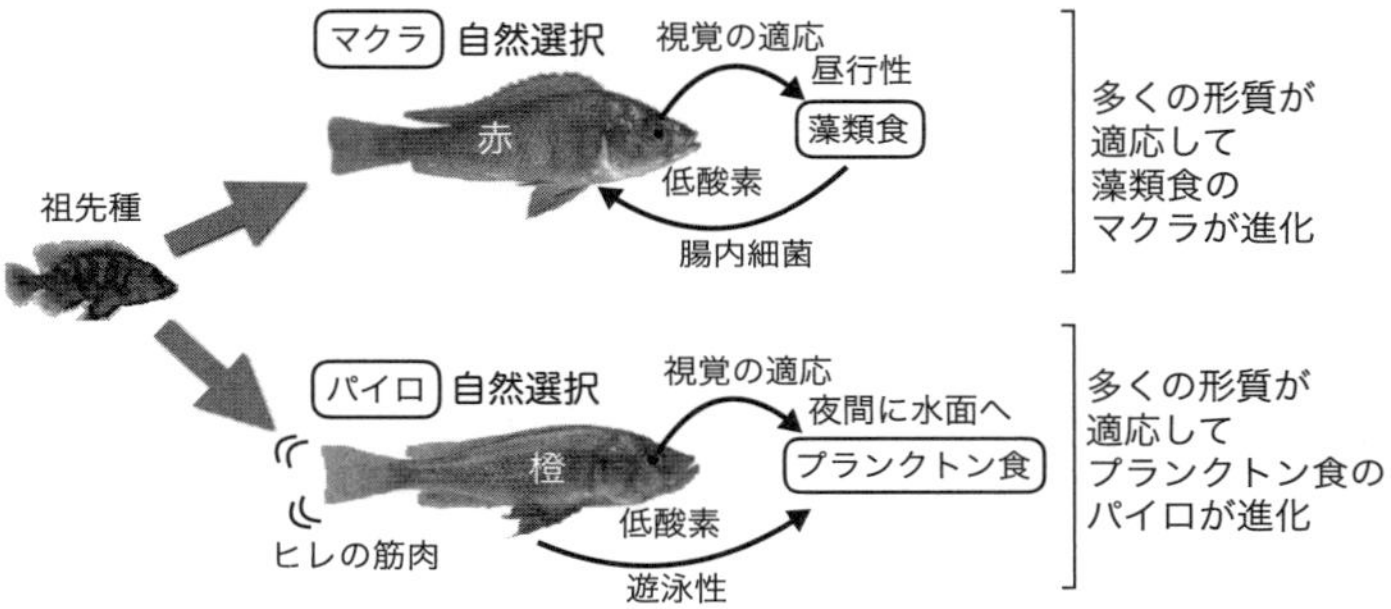

図5－4　多くの形質が関わる複合的な適応

遺伝子探索から見えてきた複合的な種分化

パイロとマクラが種分化したきっかけとなったのは、食物への適応だと考えられます。その過程は次のようになります（図5－4）。マクラは藻類食なので日中に緑色の藻類を見つけて食べ、パイロはプランクトン食なので夜間に水面に浮上してプランクトンを捕食するように進化する。そうするとパイロは夜間でもよく見えて捕食できるように視細胞が大きくなり、色覚も夜間によく見えるように適応的に進化する。色覚が進化すると、オスの婚姻色は性選択により、感度のよい光を反射できる橙に進化する。概日リズムも夜行性型となる。また一日のうちの垂直移動が大きいため細長い体型になり、ヒレを動かす筋肉も進化する。マクラは藻類を消化するため、腸内細菌を制御する遺伝子が進化する。寿命に関係する遺伝子や低酸素耐性の遺伝子も生息環境に合わせてそれぞれの種で進化する。

このように多くの形質とそれに関わる遺伝子が自然選択

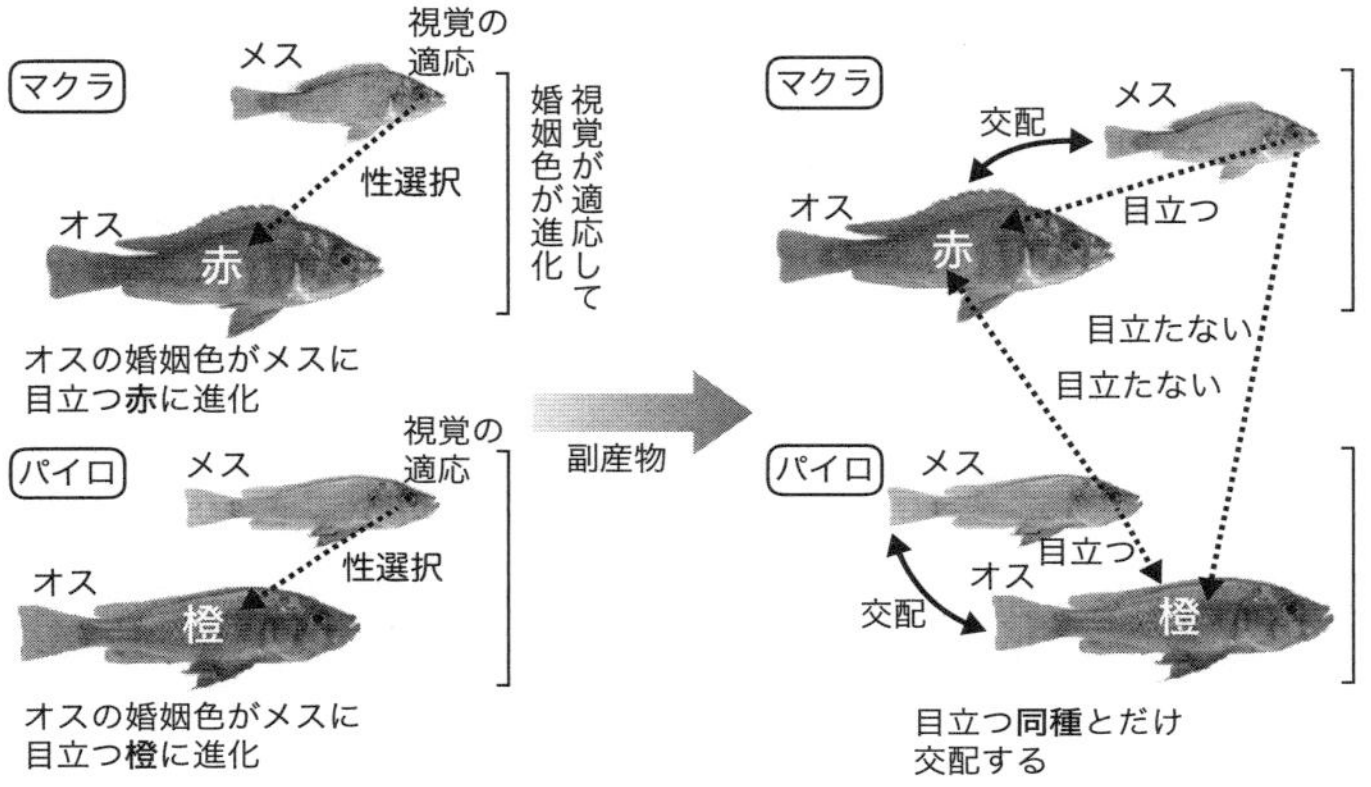

図5－5　適応の副産物として種が文化する

により進化することで、それぞれの種が形成されます。

次に、食性への適応はどのようにして生殖的隔離につながったのでしょうか。食性への適応のために多くの形質が適応的に進化した際に、視覚も適応的に進化します。オスはメスの適応した視覚に感度のよい色ほど繁殖成功率が高いので、性選択により婚姻色が進化します。視覚と婚姻色がそれぞれ進化したあとには、別の種の個体を見ても目立たないため交配相手として選ばなくなり、生殖的に隔離されます（図5－5）。

第4章で、視覚の適応と婚姻色の進化による種分化について説明しましたが（140ページ）、現在ではそれほど単純ではないと考えています。なぜなら、視覚が適応するのは食物のためであり、実際に視覚が適応するのは光環境ですが、その光環境に至るに

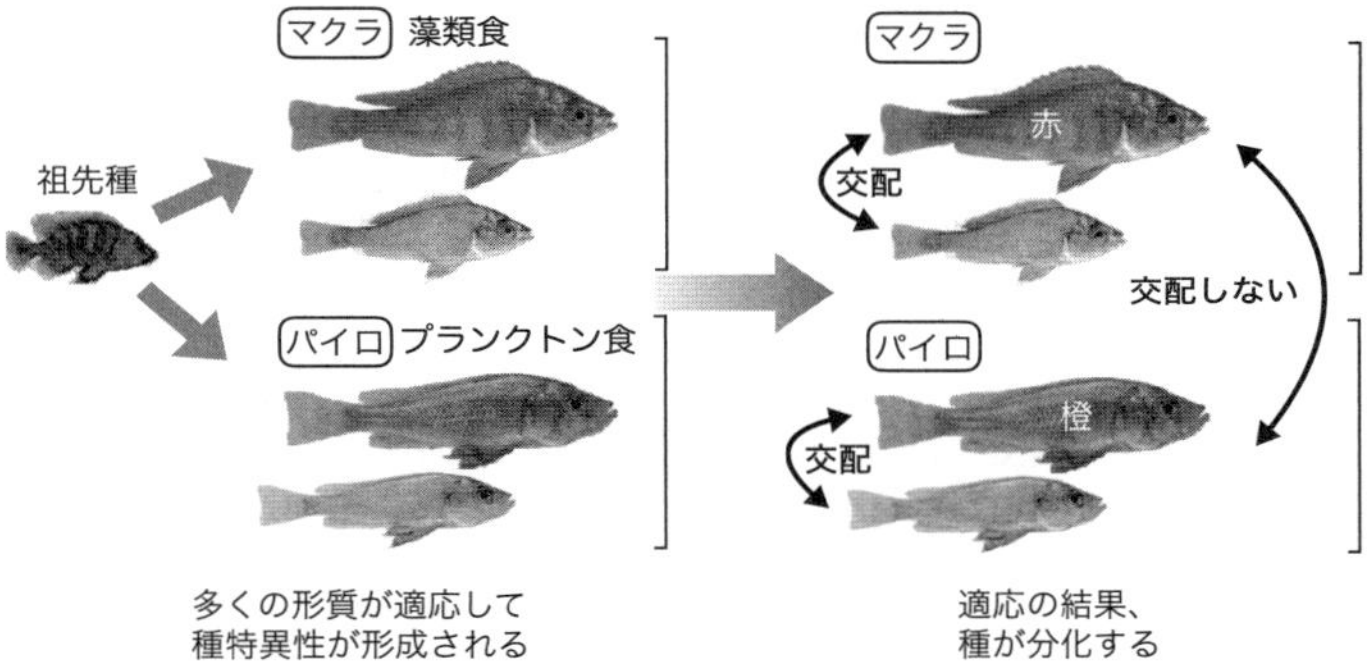

図５－６　多くの形質の適応と繁殖形質が関わる複合的な種分化

は概日リズムの進化や体の形態の進化も関わっているからです。そのため現在では、食性、形態、概日リズム、視覚などのさまざまな適応進化が複合的に関わってそれぞれの種が形成され、その適応の結果として種分化が起きてきたと予想しています（図５－６）。つまり、適応が起きるとその副産物として種分化が起きるのです。この予想を明らかにすることが次の研究の目標です。

　ここではパイロとマクラという二つの種のあいだの種分化だけを説明しました。もし、他の種の組み合わせで同じ解析を行えば、種分化に関連した遺伝子の候補はパイロとマクラとは大きく異なるでしょう。なぜなら、それぞれの種の適応はそれぞれ異なるからです。「種分化遺伝子」という言葉が使われることがあります。まるで、その遺伝子に変異が入ると種分化が起きるかのような響きがあるため、私はこの言葉を使わないようにしています。さまざまな種の種分化ごとに関係する遺伝子は異なるはずだからです。そのことが、種分化の機構の共通性の解明を難しくしているのかもしれません。しかし、一つだけ例外ともいえる遺伝子がヴィクトリア湖のシクリッドにはあります。LWS遺伝子です。この遺伝子だけはさまざまな種で配列が異なり、どの種でも種内で固定しており、「種分化遺伝子」のような特徴を示します。もちろん、LWS遺伝子に変異が入っただけでは種分化は起きませんが、種分化の共通の機構に関わっていると考えても間違いではないでしょう。

スラウェシマカクの種分化

インドネシア・スラウェシ島に固有の七種類のマカクについては、野外調査ファイル③で紹介しました。ヴィクトリア湖のシクリッドと同様、低頻度で交雑する二種を対象とした研究ができるのではないかと考え、*Macaca tonkeana*（トンケアナ）と*M. hecki*（ヘッキー）の二種を対象に調査しました。マカクでもシクリッドと同じようにゲノム全体で種分化関連領域の探索を行いたかったのですが、ゲノムの大きさが三倍も大きく、研究予算の関係上もう少し絞り込む必要がありました。そのため、遺伝子領域だけを濃縮して配列を決定するエキソーム法を用いて、トンケアナとヘッキーのそれぞれ一一個体の全遺伝子の配列を決定しました。解析を行ったところ、シクリッドよりも古くに種分化し、その後に交雑していることが明らかになりました。面白いことに、交雑はトンケアナからヘッキーへの一方向だけで起こっていました。古いといってもそれほど古くはなく、スラウェシ島が形成されたあとに長い時間を経て最近に起きていました。つまりトンケアナとヘッキーはスラウェシ島のなかで種分化したことになります。二種間で異なり、どちらの種でも固定している変異は一五〇程度の遺伝子にありました。種分化が古くに起こったためにシクリッドの二一領域に比べて遺伝子数は多いのですが、このなかに食物の採取に関わる面白い遺伝子が複数含まれています。

　これらの遺伝子をくわしく調べることにより、マカクの種分化の機構に迫れるのではないかと考えています。

　この節では、種分化の際にゲノムがどのように進化するのかを説明し、その特徴を利用して行った種分化関連領域の探索について述べました。そこから見えてきたのは、それぞれの種で起きた種分化ごとに、関連する遺伝子が異なるということです。種分化ごとに異なる遺伝子が複雑に関係して起きていると考えるのは、地球上の複雑な生物多様性が生まれてきた説明に適しているかもしれません。

野外調査ファイル⑤

大学の近くで地衣類を調べる～身近でできる野外調査～

ここまでの野外調査ファイルの調査地は、アフリカ、インドネシア、キューバなどの外国、日本でも沖縄や三宅島といった少し遠い場所でした。興味の対象となる生物は、これほど遠くに行かないといないわけではありません。私たちの身近な生き物も、研究の対象としてとても魅力的です。そこでこのコラムでは、身近な野外調査について紹介しようと思います。

常識外れの生物

北極の近くはツンドラ地帯と呼ばれており、厳しい環境には地衣類が生え、これを餌とする生物が生息している、ということは知っていました。しかし、厳密に地衣類が何であるかは、恥ずかしながら数年前まで知りませんでした。地衣類が何かを教えてくれたのは、共同研究者の一人でした。地衣類とは菌類と藻類の共生体のことです。菌類とはキノコやカビの仲間であり、藻類とは光合成をする生物です。つまり地衣類とは、キノコやカビのような生物の中に光合成をする小さな生物が入ったもの（図C‐12）。この生物が組み合わさった状態を地衣類と

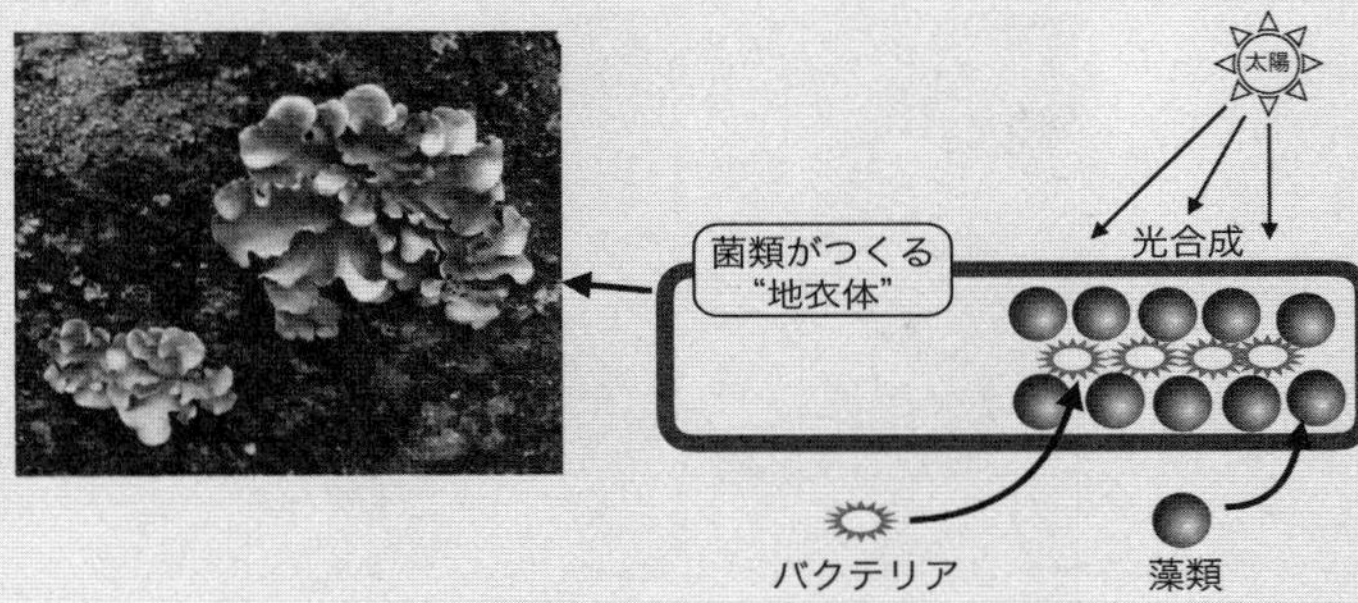

図C－12　大学近くの扁平型の地衣類

呼びます。地衣類はこの菌類と藻類を分けて培養することが可能です。菌類を培養すると地衣類とは似ても似つかない塊として増え、藻類は緑色のモコモコした塊となって増えます。ちなみに元になった地衣類は白っぽい少し太めの糸が房状になった形態をしています。種名の付け方としては、菌類に種名がついており、地衣類は菌類と同じ種名がついており、藻類は別の種名です。

ここまで知ったときに、私の種に対する考え方は大きく変わりました。序章で述べた種の概念からは説明のつかない生物がいると思ったのです。地衣類を構成する菌類と藻類は、それぞれ別々の生殖様式を持っています。それぞれ生息場所は密接に関わっていますが、互いが交雑するなどということは絶対にない独立した種です。しかも、野生下ではわかりませんが、少なくとも実験室内では独立に増殖します。しかし、野生では木に着生した房状の株がたくさん見られ、房状の株が一つの種のように見えます（図C－13）。そして、菌類と

図C－13　木に着生した房状の地衣類

藻類が一緒に「共生」しない限りは、野生で見られる房状の株を形成することはありません。そこで私は、無理に種にこだわらず、野生状態で生育している共生体としてとらえるのがよいと考えることにしました。地衣類はその組織、つまり地衣体の内部に藻類がいます。菌類は藻類に適度な光、水、栄養塩、二酸化炭素など快適に光合成できる環境を提供し、藻類は菌類に光合成産物を栄養として与えています。この共生関係が安定していると、ゆっくりではありますが地衣類は成長し、特有の形態になります。

ここまでは菌類と藻類の二者の関係でしたが、最近の研究ではさらにバクテリア（細菌類）もこの地衣体の構成員であることが明らかになってきました。こうなると、さらに種の概念が複雑な共生体になってきます。地衣類の研究を興味深く眺めていましたが、眺めているだけではもったいないので一緒に研究をすることにしました。私は実験手法などを提供し、共同研究者に地衣類や共生の面白さを教えてもらうという、まさに共生のように研究をしています。

地衣類のことを知るにつれ、いままで「これは何だ?」と思っていた生物が、ほとんどすべて地衣類だったことに驚かされました。石の上や木の幹など、いたるところに地衣類は生育していました。自分の中では「明らかにコケではない、海中の石についているような不思議な生命体」としか思えず、それ以上調べなかったことが恥ずかしくなりました。これほど身近に、これほど不思議で面白い生物がいたとは、目から鱗が落ちるとはこのことです。

フットワークの軽い野外調査

ある冬の寒い日に、研究の打ち合わせを行い、地衣類の中にいるバクテリアが培養できるのではないかと話をしていました。ちなみに地球上のほとんどのバクテリアは培養がきわめて困難なことが知られています。研究対象の地衣類は寒い山の上のほうに生育していますので、いきなり思いついた方法を試すのは大変です。そこで、まずは違う地衣類で予備実験をしようということになり、大学の近くを探索することにしました。おもむろに歩いて元気な地衣類を採取し(図C-12)、実験室で下処理をしたあと、培養実験を始めました。研究の相談から四~五時間で野外調査、サンプル採取、実験室内の培養まで行うことができました。ちなみに大学の外の道路の街路樹には扁平《へんぺい》の地衣類が着生していること、大学付近は国立公園でも保護区でもないこと、扁平の地衣類は採取の規制対象ではないことは確認済みです。

大学の近くで採取した地衣類での予備実験は成功し、地衣体の中のバクテリアの培養ができるようになりました。そこで、次に研究対象である房状の地衣体を採取に行きます。どこの野外調査でも同じですが、採取を考えている場所が保護区や国立公園などであるかどうか、採取する種が規制の対象となっていないかなどを細かく調べ、必要があれば調査許可や採取の許可を申請します。くわしくわからない場合は、その地域の機関などに聞いてみることをお勧めします。幸いなことに私たちが採取を予定していた地衣類はその場所で何も規制がないことがわかりました。そこまで準備が整うと、次は野外調査です。

野外調査の目的の場所は、道が空いていれば大学から車で一時間半程度、そこから少し勾配のきつい登山道をさらに一時間半程度登ると到着します。そのため、早朝に出発し登山道を登ると朝の九時には目的地に到着しました。登りがきついので、到着したばかりのときは体が熱く薄着をしていますが、止まってさまざまな情報を記録していると、雪が近くに見える山では体が冷えきってきます。そのようななか、房状の地衣類の採取を行い（図C-13）、少し風の弱い場所でサンプルの処理をして下山します。下山は一時間ほどです。その後、登山道入り口近くで温かいそばを食べて体を温めてから帰っても、お昼過ぎには大学に戻れます。つまり、午前中は野外調査、午後は通常業務が可能となるわけです。

片道三〇時間以上かけてアフリカで行う調査から進める研究も、午前中で終わる調査で進める研究も、面白さに変わりはありません。ただし、身近であればそれだけ移動時間と旅費を節約でき、疑問に思ったときに何度でも調査地に行けるのが利点です。地衣類の研究を一緒に行って気がついたことは、視点を変えることで、いままで見ていた風景にいる気にも留めなかった生物が、とても魅力的な研究対象になるということです。身近な生物を見ていると、面白い研究のアイデアがたくさん思い浮かびます。しかし自分の体は一つで、使える時間に限りがあるため、面白いと思う研究をすべてできないことが残念でなりません。共同研究を行うことは、そういった研究の面白さを共有できる機会でもあり、限られた時間のなかで最大限研究を楽しむ方法だと考えています。

終章

なぜ生物は多様なのか

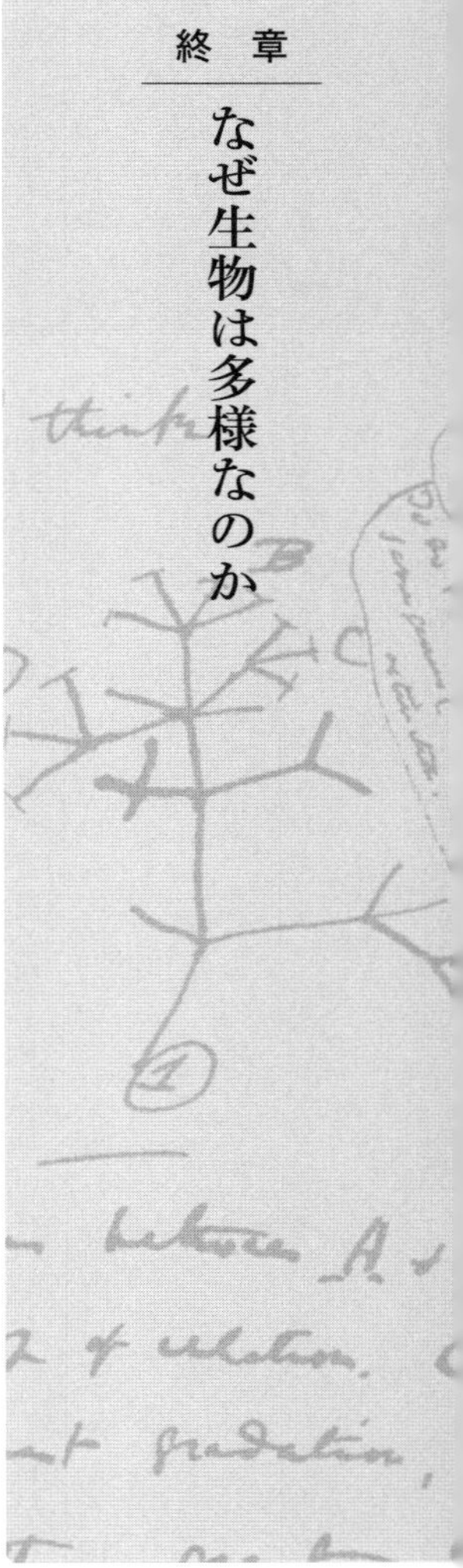

この本を書くにあたり、もっとも考えたことは「研究を始める前の自分が読んで面白いか」ということでした。現実には研究を始める前の自分がこの本を読むことは不可能ですので、これから研究の世界に入ることを考えている人、研究とあまり関係ないけれども生物の進化や種分化について知りたいという読者のみなさんが、この本を読んで知的好奇心が満たされ、さらに先の研究を知りたいと思うような内容にしたいと思っていました。

生物は太古の昔に遺伝暗号の設計図としてＤＮＡを用いるようになりました。この物質は安定であり、その構造から正確に複製を行うことが可能でした。しかし、その複製は完璧に正確というわけではなく、低い確率ではありますが複製のミス（変異）を起こしてきました。ＤＮＡの複製酵素が変異を入れてエラーしない限り、進化は起こらなかったと考えられます。しかし、エラーが多ければいいというわけではありません。マウスのＤＮＡ複製酵素に変異を導入してエラー率を高くすると、その系統のマウスの維持が難しくなる、つまり生物として存続できなくなるという話を聞いたことがあります。エラーが入りすぎるとタンパク質などが壊れてしまい、生命を維持できなくなるのです。現存の生物のDNA複製酵素のエラー率は、生命を維持しつつ進化もするような絶妙な値になっているのかもしれません。この複製エラーが生物進化の源となっています。

DNA複製酵素のエラーは変異であり、この変異の集団内での頻度変化が生物進化です。この頻度変化に働く作用には中立進化、自然選択、性選択があり、ある一つの種が進化していく原動力となります。いうなれば、時間とともに変化していく太い一本の線のようなイメージです。そしてこの太い線の中にはたくさんの個体がいてDNAの頻度変化を担っています。

このままだと一本の太い線のままですが、分岐があるとそこから二本の太い線になり、時間とともに二本の線は独立に変化していくことが可能です。この分岐の過程が種分化です。そして独立に変化したそれぞれの線がまた分岐し、それがまた独立に変化して分岐し……と種分化を数限りなく繰り返すことが生物進化です。たくさんの線が存在している状況こそ、生物の種の多様性となります（図）。

ここまではこの本のおさらいですが、最後に「もしこれから種分化の研究を始めるなら」ということを考えたときに、どんなことができるかを考えてみましょう。

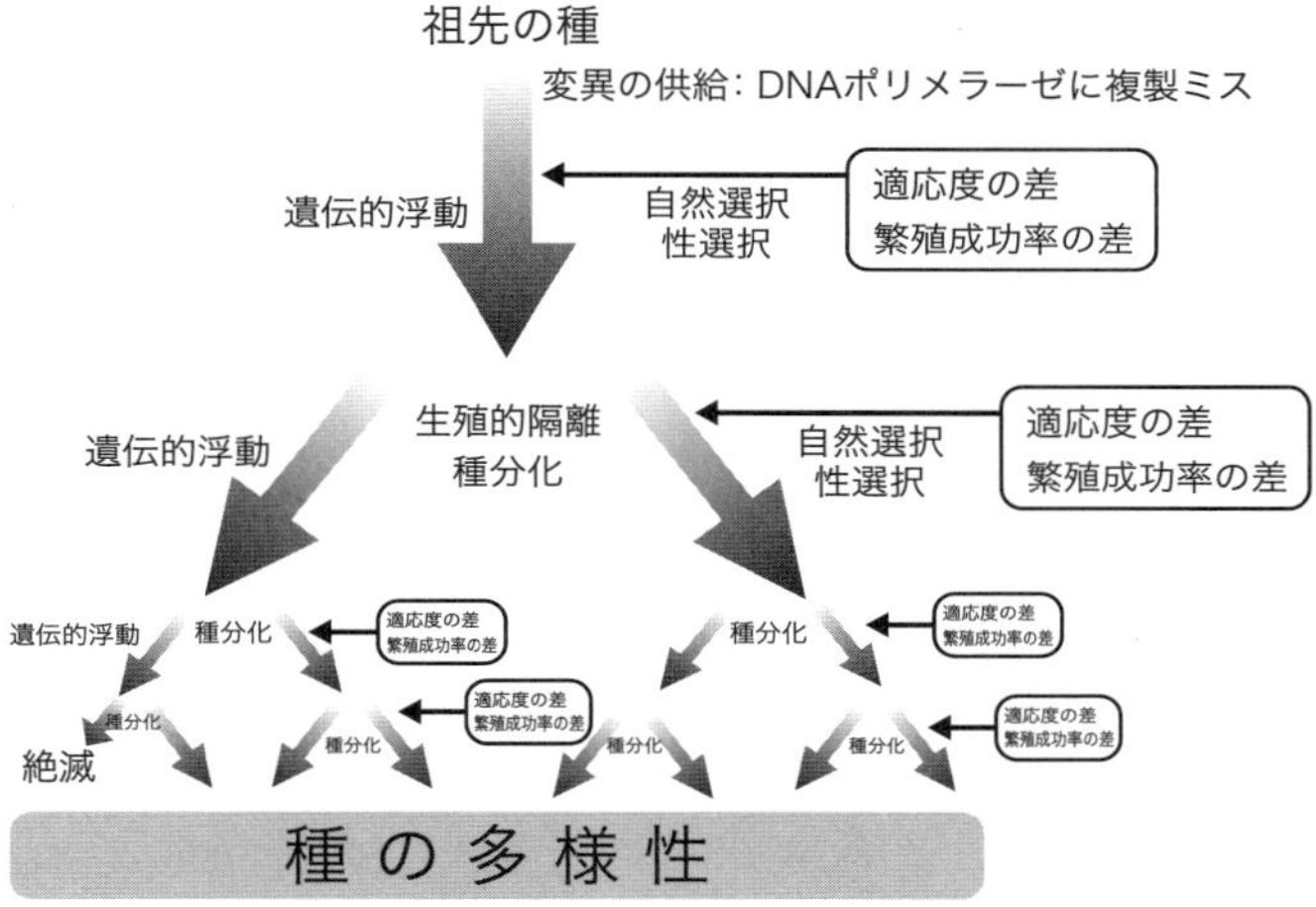

図　生物進化と種の多様性

この本で説明してきた生物が特殊な生物だから、種分化の研究が可能になったというわけではありません。どの生き物も進化の歴史のなかで種分化を経験しています。この、どの生き物も種分化を経験しているというところが重要です。何かの生き物を研究対象としたら、その種がどのようにして環境に適応しているかと、どのように繁殖しているかを詳細に調べると、種が受けてきた自然選択と性選択を推定することができます。また、近縁種がいるならば、対象とする種が受けてきた自然選択と性選択が、近縁種ではどのように違うかを見ることができます。それらの結果と調べた種の分布などから、対象の種と近縁種がどのように種分化をしてきたかの仮説を考えることができるでしょう。そこからさらに証拠を集めて真実に近い推定をするためには、細かな野外調査や研究室内の実験などが必要になります。

研究の出発点は、興味のある対象の種を詳細に観察することから始まりますが、偶発的な場合もあります。とある科学誌に、カリブ海沿岸に流木が流れつき、そこに複数のトカゲが乗っていたことを見た人の話が紹介されていました。その人は、流木に乗ってきた個体数で新しい集団の形成は可能で、このような移動が新しい生息地への分散に重要ではないかと考察を進め、新たな研究を展開しました。また、旅行で行った地域の魚市場で珍しい魚を発見し、その報告から始まった研究も知られています。多くの人が同じものを目撃していても、その重要性に気づくか気づかないかは、それを見た人が普段から生物学のことをよく考えているかどうかと関係すると思います。つまり、生物に興味を持っていることで、身近にある生物から種分化の研究も、生物学的に重要な発見もできると思うのです。この本が進化学や生物学への興味の入り口となり、目に入る生物の種がこれまで以上に面白く感じることの一助になることを願っています。

謝辞

この本で紹介した五つの野外調査研究は、以下の方々の協力があって行うことが可能となりました。

●タンガニイカ湖でのシクリッド調査

深場刺し網や釣り、ダイビングなどができたのは、田中宏和博士と船頭のヘンリー（本名不明）のおかげです。

●沖縄と三宅島のサンゴ調査

琉球大学の酒井一彦博士、国立情報学研究所の佐藤いまり博士とゼン・インクィアン（Zheng Yinqiang）博士、総合研究大学院大学の高橋-仮屋園志帆博士、三宅島スナッパーの野田博之さん、三宅島漁協のみなさま。

●インドネシアでのマカク調査

京都大学霊長類研究所の今井啓雄博士、インドネシア・ボゴール農科大学のバンバン・スリィヨブロト（Bambang Suryobroto）博士とカンティ・アルム・ウィダヤティ（Kanthi Arum Widayati）博士。

●キューバのアノールトカゲ調査

東北大学の河田雅圭博士と赤司寛志博士、ヴァレンティン・ダチェウクス（Valentin F. Dacheux）博士、キューバの研究者のルイス・ディアス（Luis M. Diaz）博士とトニー・ディアス（Antonio Cádiz Díaz）博士。

●地衣類調査

総合研究大学院大学の河野美恵子博士。

みなさんには大変お世話になりました。この場を借りてお礼申しあげます。

寺井　洋平

continuous population in aquatic environments. *BMC Evol. Biol.*, **7**, 99.
(23) Seehausen, O., Terai, Y., Magalhaes, I. S., Carleton, K. L., Mrosso, H. D., Miyagi, R., van der Sluijs, I., Schneider, M. V., Maan, M. E., Tachida, H., *et al.* (2008). Speciation through sensory drive in cichlid fish. *Nature*, **455**, 620-626.
(24) Van der Meer, H., and Bowmaker, J. (1995). Interspecific variation of photoreceptors in four co-existing haplochromine cichlid fishes. *Brain, Behavior and Evolution*, **45**, 232-240.
(25) Terai, Y., Seehausen O., Sasaki T., Takahashi K., Mizoiri S., Sugawara T., Sato T., Watanabe M., Konijnendijk N., Mrosso HD, *et al.* (2006) Divergent selection on opsins drives incipient speciation in Lake Victoria cichlids. *PLoS Biol.*, **4**, e433.
(26) Higashi, M., Takimoto, G., and Yamamura, N. (1999). Sympatric speciation by sexual selection. *Nature,* **402**, 523-526.
(27) Kawata, M., and Yoshimura, J. (2000). Speciation by sexual selection in hybridizing populations without viability selection. *Evolutionary Ecology Research*, **2**, 897-909.
(28) Maeda, K., Takeda, M., Kamiya, K., Aibara, M., Mzighani, S. I., Nishida, M., Mizoiri, S., Sato, T., Terai, Y., and Okada, N. (2009). Population structure of two closely related pelagic cichlids in Lake Victoria, Haplochromis pyrrhocephalus and H. laparogramma. *Gene*, **441**, 67-73.
(29) Schliewen, U., Rassmann, K., Markmann, M., Markert, J., Kocher, T., and Tautz, D. (2001). Genetic and ecological divergence of a monophyletic cichlid species pair under fully sympatric conditions in Lake Ejagham, Cameroon. *Molecular Ecology*, **10**, 1471-1488.
(30) Malinsky, M., Challis, R. J., Tyers, A. M., Schiffels, S., Terai, Y., Ngatunga, B. P., Miska, E. A., Durbin, R., Genner, M. J., and Turner, G. F. (2015). Genomic islands of speciation separate cichlid ecomorphs in an East African crater lake. *Science*, **350**, 1493-1498.
(31) Johnson, T. C., Kelts, K., and Odada, E. (2000). The holocene history of Lake Victoria. *AMBIO: A Journal of the Human Environment*, **29**, 2-11.
(32) Takuno et al, The pattern of genomic differentiation between Lake Victoria cichlid species, *Haplochromis pyrrhocephalus* and *H.* sp. 'macula'. (投稿中)

diversity. *PLoS Biol.*, **7**, e1000266.

(10) Terai, Y., Miyagi, R., Aibara, M., Mizoiri, S., Imai, H., Okitsu, T., Wada, A., Takahashi-Kariyazono, S., Sato, A., Tichy, H., *et al.* (2017). Visual adaptation in Lake Victoria cichlid fishes: depth-related variation of color and scotopic opsins in species from sand/mud bottoms. *BMC Evol. Biol.*, **17**, 200.

(11) Takahashi-Kariyazono, S., Gojobori, J., Satta, Y., Sakai, K., and Terai, Y. (2016). Acropora digitifera encodes the largest known family of fluorescent proteins that has persisted during the evolution of Acropora species. *Genome Biology and Evolution*, **8**, 3271-3283.

(12) Nishihara, H., Maruyama, S., and Okada, N. (2009). Retroposon analysis and recent geological data suggest near-simultaneous divergence of the three superorders of mammals. *Proc. Nat.Acad.Sci. U S A.*, **106**, 5235-5240.

(13) Chiba, S. (1999). Accelerated evolution of land snails Mandarina in the oceanic Bonin Islands: evidence from mitochondrial DNA sequences. *Evolution*, **53**, 460-471.

(14) DeSalle, R., and Giddings, L. V. (1986). Discordance of nuclear and mitochondrial DNA phylogenies in Hawaiian Drosophila. *Proc. Nati. Acad. Sci.U S A.*, **83**, 6902-6906.

(15) Boake, C. R. (2005). Sexual selection and speciation in Hawaiian Drosophila. *Behavior Genetics*, **35**, 297-303.

(16) Dobzhansky, T. (1937). *Genetics and the Origin of Species*, Columbia University Press.

(17) Coyne, J. A., and Orr, H. A. (1997). "Patterns of speciation in Drosophila" revisited. *Evolution*, **51**, 295-303.

(18) Schluter, D. (2001). Ecology and the origin of species. *Trends in Ecology & Evolution*, **16**, 372-380.

(19) Boughman, J. W. (2002). How sensory drive can promote speciation. *Trends in Ecology & Evolution*, **17**, 571-577.

(20) Endler, J. A. (1992). Signals, signal conditions, and the direction of evolution. *The American Naturalist*, **139**, S125-S153.

(21) Terai, Y., and Okada, N. (2011). Speciation of cichlid fishes by sensory drive. In: *From Genes to Animal Behavior*, pp. 311-328. Springer.

(22) Kawata, M., Shoji, A., Kawamura, S., and Seehausen, O. (2007). A genetically explicit model of speciation by sensory drive within a

引用文献

（1）Seehausen, O., and van Alphen, J. J.（1998）. The effect of male coloration on female mate choice in closely related Lake Victoria cichlids（Haplochromis nyererei complex）. *Behavioral Ecology and Sociobiology*, **42**, 1-8.

（2）Maan, M. E., Hofker, K. D., van Alphen, J. J., and Seehausen, O.（2006）. Sensory drive in cichlid speciation. *The American Naturalist*, **167**, 947-954.

（3）Knowlton, N., Weigt, L. A., and Solorzano, L. A.（1993）. Divergence in Proteins, Mitochondrial DNA, and Reproductive Compatibility Across the Isthmus of Panama. *Science*, **260**, 11.

（4）Yokoyama, S., Zhang, H., Radlwimmer, F. B., and Blow, N. S.（1999）. Adaptive evolution of color vision of the Comoran coelacanth（*Latimeria chalumnae*）. *Proc. Nat. Acad. Sci. U S A.*, **96**, 6279-6284.

（5）Hunt, D. M., Fitzgibbon, J., Slobodyanyuk, S. J., and Bowmakers, J. K.（1996）. Spectral tuning and molecular evolution of rod visual pigments in the species flock of cottoid fish in Lake Baikal. *Vision Research*, **36**, 1217-1224.

（6）Nagai, H., Terai, Y., Sugawara, T., Imai, H., Nishihara, H., Hori, M., and Okada, N.（2011）. Reverse evolution in RH1 for adaptation of cichlids to water depth in Lake Tanganyika. *Mol. Biol. Evol.*, **28**, 1769-1776.

（7）Sugawara, T., Terai, Y., Imai, H., Turner, G. F., Koblmuller, S., Sturmbauer, C., Shichida, Y., and Okada, N.（2005）. Parallelism of amino acid changes at the RH1 affecting spectral sensitivity among deep-water cichlids from Lakes Tanganyika and Malawi. *Proc. Natl. Acad. Sci., U S A.*, **102**, 5448-5453.

（8）Carleton, K. L., and Kocher, T. D.（2001）. Cone opsin genes of African cichlid fishes: tuning spectral sensitivity by differential gene expression. *Mol. Biol. Evol.*, **18**, 1540-1550.

（9）Hofmann, C. M., O'Quin, K. E., Marshall, N. J., Cronin, T. W., Seehausen, O., and Carleton, K. L.（2009）. The eyes have it: regulatory and structural changes both underlie cichlid visual pigment

寺井洋平（てらい・ようへい）

1970 年、神奈川県生まれ。99 年、東京工業大学大学院生命理工学研究科修了。博士（理学）。日本学術振興会特別研究員、東京工業大学生命 GCOE 特任助教などを経て、現在、総合研究大学院大学先導科学研究科生命共生体進化学専攻助教。

専門は生物の適応と種分化。

現在のおもな研究テーマは、シクリッド、スラウェシマカク、サンゴの適応と種分化、地衣類の共生と環境適応、ヒトの皮膚形質の適応進化、ウミヘビの海棲適応、ニホンオオカミの島嶼適応と日本犬の成立過程など。

DOJIN 選書　077

生物《せいぶつ》多《た》様性《ようせい》の謎《なぞ》に迫《せま》る

「種分化《しゅぶんか》」から探《さぐ》る新《あたら》しい種《しゅ》の誕生《たんじょう》のしくみ

第 1 版　第 1 刷　2018 年 8 月 20 日

検印廃止

著　　者　寺井洋平
発 行 者　曽根良介
発 行 所　株式会社化学同人
600 - 8074　京都市下京区仏光寺通柳馬場西入ル
編集部　TEL：075-352-3711　FAX：075-352-0371
営業部　TEL：075-352-3373　FAX：075-351-8301
振替　01010-7-5702
https://www.kagakudojin.co.jp　webmaster@kagakudojin.co.jp
装　　幀　BAUMDORF・木村由久
印刷・製本　創栄図書印刷株式会社

ISBN978-4-7598-1677-8